U0150850

·知物丛书·

齐波的植物图集

［法］马克·让松　［法］斯特凡·玛利
［法］达妮·索托／著

王小思　张博深／译

广西科学技术出版社
·南宁·

著作权合同登记号　桂图登字：20-2020-167号

图书在版编目（CIP）数据

齐波的植物图集 /（法）马克·让松，（法）斯特凡·玛利，（法）达妮·索托著；王小思，张博深译. — 南宁：广西科学技术出版社，2023.5
ISBN 978-7-5551-1884-8

Ⅰ.①齐…　Ⅱ.①马…　②斯…　③达…　④王…　⑤张…　Ⅲ.①植物—图集　Ⅳ.①Q94-64

中国版本图书馆CIP数据核字（2022）第221146号

QIBO DE ZHIWU TUJI
齐波的植物图集
[法] 马克·让松　[法] 斯特凡·玛利　[法] 达妮·索托　著
王小思　张博深　译

策　　划：黄　鹏　　　　责任编辑：赖铭洪
责任校对：冯　靖　　　　助理编辑：李林鸿　冯雨云
责任印制：韦文印　　　　营销编辑：刘珈沂
装帧设计：韦娇林

出 版 人：卢培钊　　　　出版发行：广西科学技术出版社
社　　址：广西南宁市东葛路 66 号　　邮政编码：530023
编 辑 部：0771-5827326　　网　　址：http://www.gxkjs.com

经　　销：全国各地新华书店
印　　刷：广西民族印刷包装集团有限公司

开　　本：889 mm × 1194 mm　1/16
字　　数：308 千字
印　　张：19
版　　次：2023 年 5 月第 1 版
印　　次：2023 年 5 月第 1 次印刷
定　　价：198.00 元
书　　号：ISBN 978-7-5551-1884-8

知了

ZHILIAO

Volgete gli ochi alla mia trista sorte
se pieta uita mia ui strinse maj
e uedete il mio pianto e la mia morte
causata sol ch' me p uoi lassai:
BRITISH MUSEUM

目录

发明与再发现——意大利文艺复兴如何赋予植物以新生 / 1

植物的苦难——从风景到医学，从风景到花园 / 7

齐波的植物图集 / 15

蓍 *Achillea millefolium* L. / 16

铁线蕨 *Adiantum capillus-veneris* L. / 18

欧洲龙牙草 *Agrimonia eupatoria* L. / 20

欧亚羽衣草 *Alchemilla vulgaris* L. / 22

葱芥 *Alliaria petiolata* (M. Bieb.) Cavara & Grande / 24

芦荟 *Aloe vera* (L.) Burm. F. / 26

蓝紫倒距兰 / 白翅兰 *Anacamptis morio* (L.) R. M. Bateman, Pridgeon & M. W. Chase/ *Orchis pallens* L. / 28

琉璃繁缕 *Anagalis arvensis* L. / 30

欧獐耳细辛 *Anemone hepatica* L. / 32

孔雀银莲花 *Anemone hortensis* L. / 34

欧洲马兜铃 / 圆叶马兜铃 *Aristolochia clematitis* L. / *Aristolochia rotunda* L. / 36

白蒿 *Artemisia alba* Turra / 40

意大利疆南星 *Arum italicum* Mill. / 42

欧洲细辛 *Asarum europaeum* L. / 44

深山铁角蕨 *Asplenium adianthum-nigrum* L. / 46

泽泻铁角蕨 *Asplenium hemionitis* L. / 48

欧洲对开蕨 *Asplenium scolopendrium* L. / 50

铁角蕨 *Asplenium trichomanes* L. / 52

颠茄 *Atropa belladona* L. / 54
雏菊 *Bellis perennis* L. / 56
绮莲花 / 红色百金花 *Blackstonia perfoliata* (L.) Huds. / *Centaurium erythraea* Rafn. / 58
紫草 *Buglossoides purpurocaerulea* (L.) I. M. Johnst. / 60
肾叶打碗花 *Calystegia soldanella* (L.) R. Br. / 62
荠菜 *Capsella bursa-pastoris* (L.) Medik. / 64
七叶碎米荠 *Cardamine heptaphylla* (Vill.) O.E.Schulz / 66
矢车菊 *Centaurea cyanus* L. / 68
药蕨 *Ceterach officinarum* Willd. / 70
白屈菜 *Chelidonium majus* L. / 72
秋水仙 *Colchicum autumnale* L. / 74
凹陷紫堇 *Corydalis cava* (L.) Schweigg. & Körte / 78
春黄菊 *Cota tinctoria* L. J. Gay / 80
海崖芹 *Crithmum maritimum* L. / 82
番红花 *Crocus sativus* L. / 84
平滑十字草 *Cruciata laevipes* Opiz / 86
角叶仙客来 *Cyclamen hederifolium* Aiton / 88
水莎草 *Cyperus serotinus* Rottb. / 90
岩寄生 *Cytinus hypocistis* (L.) L. / 92
紫斑掌裂兰 *Dactylorhiza fuchsii* (Druce) Soo / 94
月桂瑞香 *Daphne laureola* L. / 96
高茎石竹 *Dianthus longicaulis* Ten. / 98
奥地利多榔菊 *Doronicum austriacum* Jacq. / 100
龙木芋 *Dracunculus vulgaris* Schott. / 102
欧洲鳞毛蕨 *Dryopteris filix-mas* (L.) Schott. / 104
冬菟葵 *Eranthis hyemalis* (L.) Salisb. / 106
滨海刺芹 *Eryngium maritimum* L. / 108
欧洲卫矛 *Euonymus europaeus* L. / 110
扁桃叶大戟 *Euphorbia amygdaloïdes* L. / 112
海大戟 *Euphorbia paralias* L. / 114
小米草 *Euphrasia officinalis* L. / 116

榕毛茛 *Ficaria verna* Huds. / 118
长叶蚊子草 *Filipendula vulgaris* Moench. / 120
野草莓 *Fragaria vesca* L. / 122
球果紫堇 *Fumaria gaillardotii* Boiss. / 124
圆叶老鹳草 *Geranium rotundifolium* L. / 126
欧亚路边青 *Geum urbanum* L. / 128
地中海唐菖蒲 *Gladiolus italicus* Mill. / 130
金钱半日花 *Helianthemum nummularium* (L.) Mill. / 132
意大利蜡菊 *Helichrysum italicum* (Roth) G. Don / 134
天芥菜 *Heliotropium europeanum* L. / 136
臭铁筷子 *Helleborus foetidus* L. / 138
羊膻金丝桃 / 贯叶金丝桃 *Hypericum hircinum* L. / *Hypericum perfoliatum* L. / 140
红籽鸢尾 *Iris foetidissima* L. / 144
德国鸢尾 *Iris* x *germanica* / 146
新疆千里光 / 千里光 / 欧洲千里光 *Jacobaea vulgaris* Gaertn. /
Senecio ovatus (P. Gaertn.，B. Mey. & Scherb.) Willd. / *Senecio vulgaris* L. / 148
欧洲齿鳞草 *Lathrea squammaria* L. / 152
禾本独行菜 *Lepidium graminifolium* L. / 154
橙花百合 *Lilium bulbiferum* L. / 156
欧洲百合 *Lilium martagon* L. / 158
欧洲柳穿鱼 *Linaria vulgaris* Mill. / 160
黏性亚麻 *Linum viscosum* L. / 162
小花紫草 *Lithospermum officinale* L. / 164
肺衣 *Lobaria pulmonaria* (L.) Hoffm / 166
多年生银扇草 *Lunaria rediviva* L. / 168
疏毛地杨梅 *Luzula pilosa* (L.) Willd. / 170
牧场山萝花 *Melampyrum pratense* L. / 172
欧洲水仙 / 红口水仙 *Narcissus tazetta* L. / *Narcissus poeticus* L. / 174
欧洲对叶兰 *Neottia ovata* (L.) Bluff & Fingerh. / 176
黑种草 *Nigella damascena* L. / 178
毒水芹 *Œnanthe crocata* L. / 180

油橄榄 *Olea europaea* L. / 182

瓶尔小草 *Ophioglossum vulgatum* L. / 184

牛至 *Origanum vulgare* L. / 186

鸦列当 *Orobanche gracilis* Sm. / 188

荷兰芍药 *Paeonia officinalis* L. / 190

刺状金币菊 *Pallenis spinosa* (L.)Cass. / 192

虞美人 *Papaver rhoeas* L. / 194

罂粟 *Papaver somniferum* L. / 196

酸浆 *Physalis alkekengi* L. / 198

细毛菊 *Pilosella officinarum* Vail. / 200

大茴芹 / 虎耳草茴芹 *Pimpinella major* (L.)Huds. / *Pimpinella saxifraga* L. / 202

大车前草 *Plantago major* L. / 206

北车前 *Plantago media* L. / 208

玉竹 *Polygonatum odoratum* (Mill.)Druce / 210

萹蓄 / 水蓼 *Polygonum aviculare* L. / *Persicaria hydropiper* (L.)Delarbre / 212

欧亚多足蕨 *Polypodium vulgare* L. / 216

直立委陵菜 *Potentilla recta* L. / 218

欧洲报春 / 牛唇报春 *Primula vulgaris* Huds. / *Primula elatior* (L.)Hill. / 220

夏枯草 *Prunella vulgaris* L. / 224

欧洲蕨 *Pteridium aquilinum* (L.)Kuhn / 226

药用肺草 *Pulmonaria officinalis* L. / 228

假叶树 / 马舌桂 *Ruscus aculeatus* L. / *Ruscus hypoglossum* L. / 230

多蕊地榆 *Sanguisorba minor* Scop. / 234

软雀花 *Sanicula europaea* L. / 236

肥皂草 *Saponaria officinalis* L. / 238

圆叶虎耳草 *Saxifraga rotundifolia* L. / 240

二叶绵枣儿 / 雪滴花 *Scilla bifolia* L. / *Galanthus nivalis* L. / 242

斗篷玄参 *Scrophularia peregrina* L. / 244

紫景天 *Sedum telephium* L. / 246

罗马毒马草 *Sideritis romana* L. / 248

马芹 *Smyrnium olusatrum* L. / 250
龙葵 *Solanum nigrum* L. / 252
药水苏 *Stachys officinalis* (L.)Trevis / 254
繁缕 / 药用墙草 *Stellaria media* (L.)Vill. / *Parietaria officinalis* L. / 256
聚合草 / 块茎聚合草 *Symphytum officinale* L. / *Symphytum tuberosum* L. / 258
欧香科科 / 蒜味香科科 *Teucrium chamaedrys* L. / *Teucrium scordium* L. / 262
蒜叶婆罗门参 *Tragopogon porrifolius* L. / 266
绛车轴草 / 红车轴草 *Trifolium incarnatum* L. / *Trifolium pratense* L. / 268
款冬 *Tussilago farfara* L. / 270
脐景天玉盃 *Umbilicus rupestris* (Salisb.)Dandy / 272
藜芦 *Veratrum nigrum* L. / 274
小蔓长春花 *Vinca minor* L. / 276
药用白前 *Vincetoxicum hirundinaria* Medik. / 278
香堇菜 *Viola odorata* L. / 280
苍耳 *Xanthium strumarium* L. / 282

附录 / 285

专业词汇汇编 / 286
参考资料 / 291
人物生平 / 293
作者介绍 / 294

发明与再发现
——意大利文艺复兴如何赋予植物以新生

马克·让松

植物学的宝藏

本书中无与伦比的画作复制品取自英国伦敦大英博物馆图书馆保存的一本著作，这本著作十分独特，且几乎不为人所知。原著的书名叫作《迪奥斯科里德斯〈药物论〉节选》（法语译名：*Extraits d'une édition du* De Re medica *de Dioscoride*）[1]，且很可能是在 1564 年至 1584 年成书的。原著的尺寸为 26.5 厘米 ×19.5 厘米，与本书（指法语原版）24.5 厘米 ×34 厘米的尺寸有所不同。原著于 1600 年装订，封面由烫金点缀的黑色皮革制成。

这本杰出的著作汇集了 131 幅水彩画，主要描绘来自意大利的植物。水彩画中的背景是当时意大利特有的田园乡村的景观和各种建筑物，其周围经常辅以一些真实场景中的人物形象。各种各样的植物置于丰富多彩、生机勃勃的背景之中，这样的布景方法后来还启发了其他作品。如果读者愿意参阅，我们可以首先举出亚伯拉罕·孟廷（Abraham Munting）1696 年出版的荷兰语著作《农作物的精细描述》（*Naauwkeurige Beschryving Der Aardgewassen*），其中，植物被置于各种自然景观（山脉、山丘、河流）之中，并且这些景观周围点缀着各种建筑和装饰物（带饰、小天使等）。德国植物学家约翰·克里斯托夫·沃尔克默（Johann Christoph Volckamer）在 1708 年至 1714 年出版的两卷德语作品《纽伦堡的赫斯珀里得斯》（德语译名：*Nürnbergische Hesperides*），也许正是受到了孟廷作品中的柑橘类植物插图的启发。沃尔克默家在纽伦堡，这部作品展现了种植于他私家花园中的柑橘类植物的惊人多样性。最后，另一

---

① 译注："De Re medica"的完整拉丁语名为"*In Dioscoridae Anazarbei De Re Medica*"，是迪奥斯科里德斯著名作品《药物论》（*De materia medica*）的再版书名。

座即将呈现在我们眼前的植物学插图的丰碑应当归于罗伯特·约翰·索恩顿（Robert John Thornton，1768—1837）。他于 1799—1807 年出版的著作《花神庙》（*The Temple of Flora*）中收录了 33 幅插图，展示了 18 世纪初种植在花园中的各种植物。索恩顿对插图师强调，植物背景不应是纯色的，而应帮助人们能够更好地了解植物的生长环境以及它们的行为或生态背景。例如，昙花（夜晚开花的仙人掌科植物）的插图展示了花瓣巨大而繁密的花朵，而背景的钟面则表明午夜来临，这反映出昙花只在夜间开放。然而，科学性的事实并不总是得到尊重，这些布景可能会有所夸大。例如，仙人掌在午夜时并不开花，而往往是在黄昏时开始绽放。

植物学家与艺术家：彼安德里亚·马蒂奥利（Pierandrea Mattioli）与盖拉尔多·齐波（Gherardo Cibo）

多亏马蒂奥利，我们才能选出那些在迪奥斯科里德斯（Dioscorides，希腊医生、药学家、植物学家）《药物论》（*De materia medica*）中的插图。这部著作提供了一个契机，说明了“植物图集”这一词语的多义性。虽然如今这个词最常与自然史标本相联系，但它也与在古代出现的插图作品有关。彼得罗·安德里亚·格雷戈里奥·马蒂奥利（Pietro Andrea Gregorio Mattioli）1501 年生于意大利锡耶纳，1577 年因鼠疫在特伦托去世，是古代最著名的植物学论著之一《药物论》的注疏者。这一作品自 1 世纪诞生后，就被复制了数次，意大利文艺复兴更是成为其命运的转折点，在该时期它得到了广泛且精彩的阐释。如果说医学和科学领域的实验原则在中世纪消失了，那么在文艺复兴时期它又重见天日。很明显，这一变革是由众多科学家引领的，比如意大利的马蒂奥利，或同一时期德国的奥托·布伦费尔斯（Otto Brunfels，1488—1534）、莱昂哈特·福克斯（Leonhart Fuchs，1501—1577）、希罗尼穆斯·博克（Hieronymus Bock，1497—1554）和瓦勒留斯·科尔杜斯（Valerius Cordus，1515—1544）。不得不说，在同期的瑞士还有才华横溢的康拉德·格斯纳（Conrad Gesner，1516—1565），他的观察和插图都相当优秀和精确。原法国籍的弗莱芒人卡罗卢斯·克卢修斯（Carolus Clnsins，1526—1609）在这一时期也同样令人瞩目。他完成了大量植物品种说明的工作，由此获得“载录王子”的美称，同期还进行珍稀植物的栽培工作，比如郁金香就是由他率先在西欧栽培的。值得强调的是，在科学家带来深刻变革之前，艺术家（丢勒、达·芬奇……）的地位是非常重要的，他们走在了马蒂奥利和与他同时代的德国科学家之前。之后，就是艺术与科学的合作，关于这一点我们有一个绝好的例子，它象征着文艺复兴的革命。齐波全名为盖拉尔多·齐波，1512 年出生于意大利热那亚或罗马，1600 年在阿尔切维亚离世。他出生于一个古老的贵族家庭，其曾祖父以教皇依诺增爵八世的封号留名于史。齐波从幼年起就对探索自然事物非常感兴趣，曾游历意大利多个地区，同时在制图和绘画方面也逐渐显露出不同寻常的天赋。他甚至能从花和果实的汁液中提取出颜料。他的部分私人藏书现藏于罗马的安吉莉卡图书馆（Biblioteca Angelica），而他的两份插图手稿被发现藏于大英博物馆。它们会出现在英国，是因为伦敦古董商博讷（Boone）在 1858 年 3 月将其买下。而正是由于一封夹在他手稿中保存的由马蒂奥利寄来的信件，我们才得以明确他们之间毫无争议的关系。在信件中，马蒂奥利对齐波的艺术表达了至高的崇敬："这些插图是我一生中看过的最美丽的插图。亲爱的大师，这将奠定您在植物绘图领域无可匹敌的地位。"

植物的名字

对自然世界的直接观察孕育了精美的插图，因此，齐波的作品中处处显现着新意。只需将他的作品与其他近似图、简化图甚至和那些出自古代论著、在中世纪修道院的缮写室中被复制过无数次并被认为展现了各种不同植物的插图相比较，我们就能够理解在文艺复兴期间进行的科学革命以及它的重要性。

中世纪时期的蒙昧可以通过如下几个因素解释。首先如迪奥斯科里德斯等古代的人，没有见过欧洲北部的植物。很明显，他们最熟悉的植物来自地中海沿岸，确切来说主要来自东地中海沿岸。然而，在欧洲北部的修道院中，缮写士会竭力把他们比较熟悉的欧洲北部植物和他们基本不了解的地中海植物的插图和描述相匹配，这就导致某些插图被故意扭曲，从而与欧洲北部植物的外形和轮廓相符合。

另一方面，流行于古代的签名理论（la théorie des signatures）把某些植物品种的形状和它们所能治疗的身体器官之间建立了联系。受这一理论的影响，缮写士会夸大甚至修改某些植物的特征，以便让这些插图能与签名理论所意指的东西更加符合。符号比现实先行一步。

在观察生物的方式选择上，直接观察重回主流，随之而来的技术进步（木版画、印刷技术）更是颠覆生物知识的呈现与传播。

在 16 世纪上半叶，一项展示植物的技术——挤压与干燥技术，推动了植物学课程的变革，使建立一部自然史意义上的植物标本图集成为可能。

我们可以在世界上最古老的植物标本图集中发现齐波的那一部。这部由五卷本构成并收集了大约 2000 个标本的植物图集，现藏于罗马的安吉莉卡图书馆。植物标本展示是由卢卡·吉尼（Luca Ghini，1500—1556）提出的，可以追溯到 1520—1530 年。第一座植物园也是由他在比萨和佛罗伦萨创建的。齐波很有可能是吉尼的学生，并曾向他学习植物学以及植物标本的压制与干燥技术。

马蒂奥利从这部植物标本图集中挑选了一些已经在迪奥斯科里德斯的著作中出现过的植物，同时，收录了一些对当时的科学和药学而言相对新颖的植物。

尽管今天我们不再描绘那些在欧洲已司空见惯的品种，但对于这些插图的当代重读主要就是为了更新植物的名称。这些植物名称的演变在插图上方予以标明，在那里我们可以看到不同的意大利语名称。其中一些是俗称，另一些则是学术名称。这些学术名称都是“前林奈”的，意思是它们是在瑞典科学家卡尔·冯·林奈（Carl von Linné，1707—1778）给植物定名之前被创造出来的。我们如今的生物双名法就是由他奠基的，这些植物学中的名称都被公布在他 1753 年出版的著作《植物种志》（*Species Plantarum*）上。这本书在出版时，自称是当时已知植物的完整清点。除名称外，每一株植物都配有一小段描述。自 1753 年以来，植物的描述和名称的修订工作一直在植物学领域持续，林奈在《植物种志》中给出的很多植物名称得以流传，也有很多被修改了。品种的描述应该基于某些由植物学符码所定义的标准，如果一个错误在一段品种描述中暴露出来，那么便需要对名称进行修改。这就是植物的名称有时会改变的原因。

植物学家在创造植物的名称时会让自己的名字与之相连。植物的学名之后跟随的是作者姓名的缩写。以欧洲细辛属（*Asarum europaeum*）为例：由于这个名字是林奈起的，因此这一植物的学名的完整写法就是“*Asarum europaeum* L.”，“L.”是林奈姓氏的缩写。而意大利疆南星（*Arum italicum* Mill.）的拉丁文名是苏格兰的菲利普·米勒（Philip Miller）起的。这就是这一植物属名和种名之后带有后缀“Mill.”的原因（米勒将其一生奉献给了切尔西草药园，因此在植物学史中享有盛名）。

一直到 19 世纪，植物学都是一门综合的学科，也是医学、分类学和农学的同盟，如今这门学科分化成了几个方向（生理学、遗传学、分类学、系统分类学、农学）。在本书中我们想延续植物学最初的精神，因此每一幅植物插图都配有一段植物学描述、一些植物的药物特性描述以及有趣的园艺知识。

植物的苦难
——从风景到医学，从风景到花园

斯特凡·玛利　达妮·索托

风景里的植物

齐波的植物标本图集中有相当迷人的图片，他不仅对植物进行了精确的描绘，同时还将它们置于风景之中，这些风景展现了当地居民的生活——首要的当然是当地的采摘工和切割工。继续往后翻阅，会看到一些熟悉的人物，比如师傅和徒弟。风景中人物的姿态和劳作时的样子表现得惟妙惟肖，静坐、跋涉、挖土、在小径上行走、交流，有时还会阅读、休息。一切都像是一组快照。

其他的人物，也就是那些次要角色，在这片人来人往的区域用自己运动的剪影活跃着气氛。他们有的在打猎，有的在沙滩上拉渔网，有的在钓鱼，有的在准备收割，有的在跳舞，有的乘着小舟驶向远方。生命似乎在这些风景中穿梭，进入极其平凡的日常生活。远处被清晰勾勒出来的建筑增强了这样的感觉。筑有防御工事的村庄、被火光映出的热那亚风格的塔、桥、水磨坊、废墟、教堂、修道院、开放的农场和小湾里的渡口点缀着画面。目光跟随蜿蜒的河道转动，最后消失在了隐藏于崎岖小径后的景色之中。大地的本质就在创造了平原、丘陵和高山的地质学运动之中显现。植物占据了画面的首要地位，虽然尺寸很大，却没有遮住风景。对精确描绘植物的追求体现在根茎、花朵、叶片的图像之中。但在这里，插图并非仅仅考虑这些东西。季节、天气、水文信息以及植物生长所需的生态环境的多样性，都在齐波的精湛技法下清晰可见。正如很多如画的景色，这些树林、海岸、牧场、草地、河流、尚未完工的围着小栅栏的花园，构成了一幅幅插图中逼真的背景，展示着该区域植物的生长环境。我们甚至可以看到曙光、玫红色的夕阳、夏季正午的太阳、秋天的红霞、太阳隐去时昏沉的天色、暴风雨后的彩虹、瓢泼的大雨……

“不存在没有观察者的风景，也不存在没有感知的观察者！”[①]

1338—1339 年，安布罗乔·洛伦泽蒂（Ambrogio Lorenzetti）的壁画《善政及恶政的效应》（*Effect du Bon et du Mauvais Gouvernement*）（位于意大利锡耶纳市政厅内）作为一幅隐喻性的作品，在其描绘善政的部分中展现了技术的进步，特别是农业领域的技术进步。锡耶纳周围的虚构风景投射出了农业生产系统的一派革新景象。这幅理想化的作品是意大利人皮耶罗·德·克雷森兹（Piero de Crescenzi，1233—1320）的《农益书》（*Opus ruralium commodorum*）的延伸，此书是历史上首批农业畅销著作之一，于 13 世纪初出版，直到 17 世纪仍在重版，并被翻译成好几国语言。在那个时期的意大利人文主义运动中，出现了展示人与环境之间关系的风景观念，盖拉尔多·齐波的植物图集就深植于这样的创造性语境之中。人文主义的核心，即真理问题，不仅体现在植物学插图的精确性上，也存在于被再现的周遭环境的真实性中。

被赠予自然元素的身体

在让 – 夏尔·苏尔尼亚（Jean-Charles Sournia）的著作《医学史》（*Histoire de la médecine*）[②]中，他曾提到医生在古罗马是没有地位的，他们大都是奴隶或剃须匠。直到公元前 91 年阿斯克莱皮亚德（Asclépiade）等希腊医生的到来，这一局面才得以改变。几个世纪以来，希腊人创造了一部以四元素学说（每一元素都与身体相联系）为基础的药典，即土（性冷、干燥）、火（性热、干燥）、水（性冷、潮湿）、气（性热、潮湿）四元素。四体液学说（血液、黏液、黄胆汁和黑胆汁）补充了这一公设，并且与多血质、黏液质、胆汁质、抑郁质四种气质的理论相连。从植物、动物和矿物材料中提取的药物就是为了在生病的时候重新平衡这四种元素。于是，伟大的古代文本编纂者雅克·达勒尚（Jacques Daléchamps，1513—1588）在有关紫景天（*Sedum telephium* L.）的论述中引用了盖伦（Galien）的描述：紫景天性干而不热，可清洁伤口，因此适用于治疗溃疡。

---

① DESACOLA P. première leçon au Collège de France: Anthropologie de la nature［Z］. 2012.

② SOURNIA J-C. Histoire de la médecine［M］. Paris:La Découverte,2004.

一千年！

本书所展示的植物都是置于自然环境和土地中的，除了种在花盆里且要收进室内以躲避冬寒的芦荟。这些植物都是当地的品种，并因其药用价值被马蒂奥利选择收录。

16 世纪出现了一群不再满足于仅仅复制古代文本的人，马蒂奥利这位伟大的医生兼植物学家就是当中的一个。他们开始分析这些文本，并且充实了其中对植物的研究。马蒂奥利的著作《关于迪奥斯科里德斯〈药物论〉六卷本的评注》（*Commentarii in sex libros Pedacii Dioscordis de Materia medica*）于 1544—1560 年出版，于 1572 年被译成法文并在里昂由加布里埃尔·考蒂耶（Gabriel Cotier）出版社出版，题为《锡耶纳医生 M. 皮埃尔·安德里亚·马蒂奥利关于迪奥斯科里德斯〈药物论〉六卷本的评注》（*Commentaires de M. Pierre André Matthiole médecin sennois sur les six livres de Ped. Dioscoride Anazarbeen de la matière médicinale*）。在 16 世纪下半叶，这些评注成了欧洲医生的医用植物学参考。这一杰出的工作，因其出色的插图质量和马蒂奥利细心的观察，超越了对古代文本（自 6 世纪经历整整一千年而流传下来）的编纂范畴。这些古代希腊语文本被翻译成拉丁语，然后再从拉丁语翻译成法语、德语等。这一不成熟的“复制 – 粘贴”过程伴随着一系列不精确、错漏和疏于观察等问题，而这些问题都和各种魔法及宗教信仰所造成的无数认知偏移有关。就植物而言，造成混淆的原因是大部分植物源于地中海，人们凭想象推测这些植物与其他欧洲植物之间的相似性。

签名理论的漫长岁月

早在亚里士多德的时代（Aristote，公元前 384—公元前 322），签名理论就以“观相学”的面貌为人所知，并在 16 世纪由瑞士医生和哲学家帕拉塞尔斯（Paracelse，1490—1541）以及意大利作家巴蒂斯塔·德拉·波尔塔（Battista della Porta，1535—1615）发展起来。总而言之，对于医学和药典而言，这一理论基于一句关键语——“以同类来治疗同类”（similia similibus curatur）。根据这一原则，某些植物或植物的某些部分与人的身体器官相似，这些植物就可以治疗这些器官。比如药用肺草（*Pulmonaria officinalis* L.）的叶子会让人想到肺的形状，完美印证了这一信仰的逻辑。签名理论在启蒙运动时期被科学家和思想家斥为不入流的东西，并逐渐被抛弃。然而，后来的一些观察佐证了这一理论中部分令人不安的事实，因此值得深入了解，并且需要将它从持续了好几个世纪的“江湖骗术”的误会中解救出来。

僧侣护理员

在植物图集中，特别是小米草（*Euphrasia officinalis* L.）的插图中出现的修道院和僧侣的形象，展现了文艺复兴时期草药学和修道生活之间不可分离的关系。在圣本笃（Saint Benoît，480—547）的劝诱改宗之后，修道院出现并发展至整个西欧地区。在这些学术知识不断积累的地方，掌握了拉丁语、希腊语甚至阿拉伯语的僧侣成了起源于古代的医学知识的保存者。然而他们却未能进一步推动这些知识的发展。相反，僧侣们用那些来源于宗教的名字重新命名了一大批植物。比如欧洲龙牙草（*Agrimonia eupatoria* L.）的名字变成了圣威廉草（herbe de saint Guillaume）或圣玛德莲草（herbe de sainte Madeleine），又比如红口水仙（*Narcissus poeticus* L.）的名字变成了圣母玫瑰（Rose de la Vierge），此外还有很多例子。在 1550 年齐波为植物图集绘制插图的那个时代，给农村的穷苦百姓施舍草药的总是僧侣，而药剂师和医生则为城市里的有钱人服务。

有利可图的植物

医生对于植物以及其药用价值的依赖在 16 世纪之后依旧在持续。1819 年，著名医生和植物学家让·巴蒂斯特·德莫奈·德拉马克[①]（Jean Baptiste de Monet deLamarck，1744—1829）的小舅子，同时也是医生、植物学家和昆虫学家的让·路易·奥古斯特·路阿斯勒－德隆尚（Jean Louis Auguste Loiseleur-Deslongchamps，1774—1849）对医学领域自迪奥斯科里德斯以来已经将近 18 个世纪保持停滞且没有任何进步感到十分震惊。导致这一停滞的一个重要原因，就是对“组合药物”的滥用。确实，古希腊时期在克尼多斯[②]（Knidos）建立的医学院提倡使用少量且简单的药物，以助于生病时的禁食。但是过了几个世纪，这些药物开始复杂化，甚至把各式各样的植物、动物以及矿物材料都混成一种解毒的、底野迦（thériaque）式的、奥尔维汀（orvétian）式的“灵丹妙药”。每一种这样的药物都混有近乎 80 种不同的药材，这样的组合使人们确信其中的某些成分能够治愈疾病。药用植物自 17 世纪起变得前所未有的丰富，而这些植物或植物材料则引自新大陆。尼古拉·莱梅里[③]（Nicolas Lémery）指出，枫香树（*Liquidambar*）源于新西班牙（旧称），即现今中美洲的大部分地区，枫香树

---

① GALLICA. Mémoires de l'Académie royale des sciences, inscription et lille-lettres des Toulouse[A/OL].(2011-01-17). https://gallica.bnf.frlark://2148/bpt-6k5719127r.

② 克尼多斯位于今土耳其，地处罗德岛的北方。

③ LÉMERY N. Dictionnaire universal des drogues simple [M] . Paris:Imprimerie de la Veuve d'Houry,1760:442.

的树脂在那里完成采集后便被运往包括法国在内的欧洲国家，然后保存在木桶里以转化为香膏。这种香膏可用于强健子宫和神经，或治愈伤口、治疗风湿病和坐骨神经痛。所有这些“异国”药物反映出了一种高营利性的贸易活动，并促进了药店的诞生，最珍贵的药材往往以高昂的价格售出。同样由于这些药材的输入，花园在欧洲得到了发展，人们接受了很多并没有什么实用价值而仅有装饰价值的新植物。

福利自然

欧洲人花了几千年的时间才将部分农业史的记忆抹去，并以一种自然而高傲的眼光把采摘看作是尚未进化的人类实践。而这些在将近 5 世纪之前由齐波绘制的插图，营造了一种图像上的回归。图上的这些风景固然展现了大致封闭的耕地轮廓及建筑所带来的影响，但它们也同样呈现了那些没有被耕种的野地。在这些粮食区，齐波展现了一个正在劳作的采集者和拾穗者的世界，他们小心翼翼地挖掘作物，不随意采摘其他东西；他们精于世世代代传下来的农业知识，每个人都清楚收割的植物能为自己带来多少收成。在一些人和药剂师商议这些植物价格的同时，另一些人则把它们运回家，用于治疗风寒（如深山铁角蕨，见本书第 46 页），喂猪（如角叶仙客来，见本书 88 页），或制作草垫（如欧洲鳞毛蕨，见本书第 104 页）。

从自然到风景

这些插图展现了植物的样貌以及收割的景象，也同样颂扬了采集者以及拾穗者与自然之间的独特联系。这种联系指引着猎人、渔民以及那些采摘蘑菇的农民，使他们免于颗粒无收的灾难。随着野地逐渐消失并让位于人类控制的自然，这些联系发生了极大的变化，它们被流放到集体记忆之中，甚至被彻底打破。

漫步与注视的时间

这本植物图集中的插图吸引着读者去自然间漫步。在这场漫步中，读者倾注时间沿着陡坡、小路、水岸甚至沙滩和潮线进行观察和审视，他们将发现在这些地方的塑料垃圾中间，生长着一株小小的沿海地区的植物。然后，一种亲密感逐渐在他们和“野生”植物之间建立起来，他们注意到了群落生境的构成和运作方式，并感受到它对于生境中的植物的意义。与齐波笔下的采集者一样，园艺师需要走出自己的花园，并观察那些吸引着他们来到外部的事物，最终更好地理解他的植物。即便植物采自高纬度地区，他也懂得如何重新栽种到它们曾经所属的生长环境之中，因为阳光、阴影、土壤、湿度、温度总是像标示般准确指出每一株植物属于何种环境。

成为游走的园艺师

在将世界另一端的植物引入之前，园艺早已诞生于与自然的亲密接触中。兴许是有一天在小道周围，又或是在陡坡上、沟渠中、树林边缘，一个采集者、根茎收割者或拾穗者注意到一株泛着紫红色或完全是白色的长春花，他小心翼翼地将其挖出并带回了家，然后栽种在花盆里，以展示其珍贵。之后，园艺师倾注心力在已有的植物品种进行挑选并使其杂交，这些被培育出来的新植物正是为时代品位和风尚服务的。

当自然花园受到众多爱好者青睐的时候，游走的园艺师将会在 16 世纪那些采集者所留下的足迹中找到一种完美的动力，在激励下更加专注于那些引领着他前进的事物。

齐波的植物图集

蓍

Achillea millefolium L.

植物学描述

简单的植物竟有如此多的名字!

蓍是菊科（类千里光和向日葵）多年生植物，有深色匍匐茎，以保证重要的无性繁殖。整株植物表面覆盖有茸毛，茎直立，有细条纹，株高 4~90 厘米。叶软，呈深绿色，有双羽，叶片窄而尖，且朝向不同的方向。叶片的长是宽的 3~4 倍，底部叶长与顶部的相同。叶片呈披针形。花聚为复伞房花序，舌状花多为白色，极少数为玫红色和紫红色；管状花为白黄相间。花期在 6—9 月。果实为浅白色瘦果，顶部形似被截断。

纪念阿喀琉斯

普林尼（Pline）曾写道，“Achillea”来源于“阿喀琉斯”（Achille）。阿喀琉斯似乎曾经用这种植物治疗他那著名的伤口。这种植物通常能在法国的牧场、树林、路边、陡坡、平原以及高山上找到。我们也可以在欧洲其他地方甚至整个北半球见到它。

种植收获物的用途

自古以来都是灵丹妙药

右边的插图对风景进行了一个利落的分割，使植物能够呈现在干净的背景上。这株蓍的根和茎立在小河边的一座山丘上。干净天空的背景上是正在开花的茎和新芽。曾经人们以为一些由蓍的汁液制成的药水可以恢复年轻女孩的贞洁。从更实用的角度来说，养牛人认为这种植物是优质的饲料。不仅如此，蓍在植物疗法领域也享有盛誉，可用于伤口愈合、消炎、镇痛、灭菌，或缓解消化不良、痛经、膀胱炎。

野生花园的象征

在我眼中，蓍是野生花园的象征植物之一。然而需要注意的是，这一物种会在花园里迅速繁衍蔓延，这也是我偏爱它的各式品种的原因之一。这些品种的适应性都非常强（可耐受 -25℃的低温），并且对于土壤没有任何要求，只要有阳光，无论是潮湿还是干燥，甚至是紧实的土壤中也都能生存。“红色天鹅绒”这一品种会长出红色的伞形花序，并在 6—7 月开放。第一次花期结束后只需在距离顶端 15 厘米处修剪花朵，9 月就能迎来第二次花期。另一品种“金冠”的花是金色的，在 5—10 月开放。这两个品种都必须在春天或秋天进行分根处理。

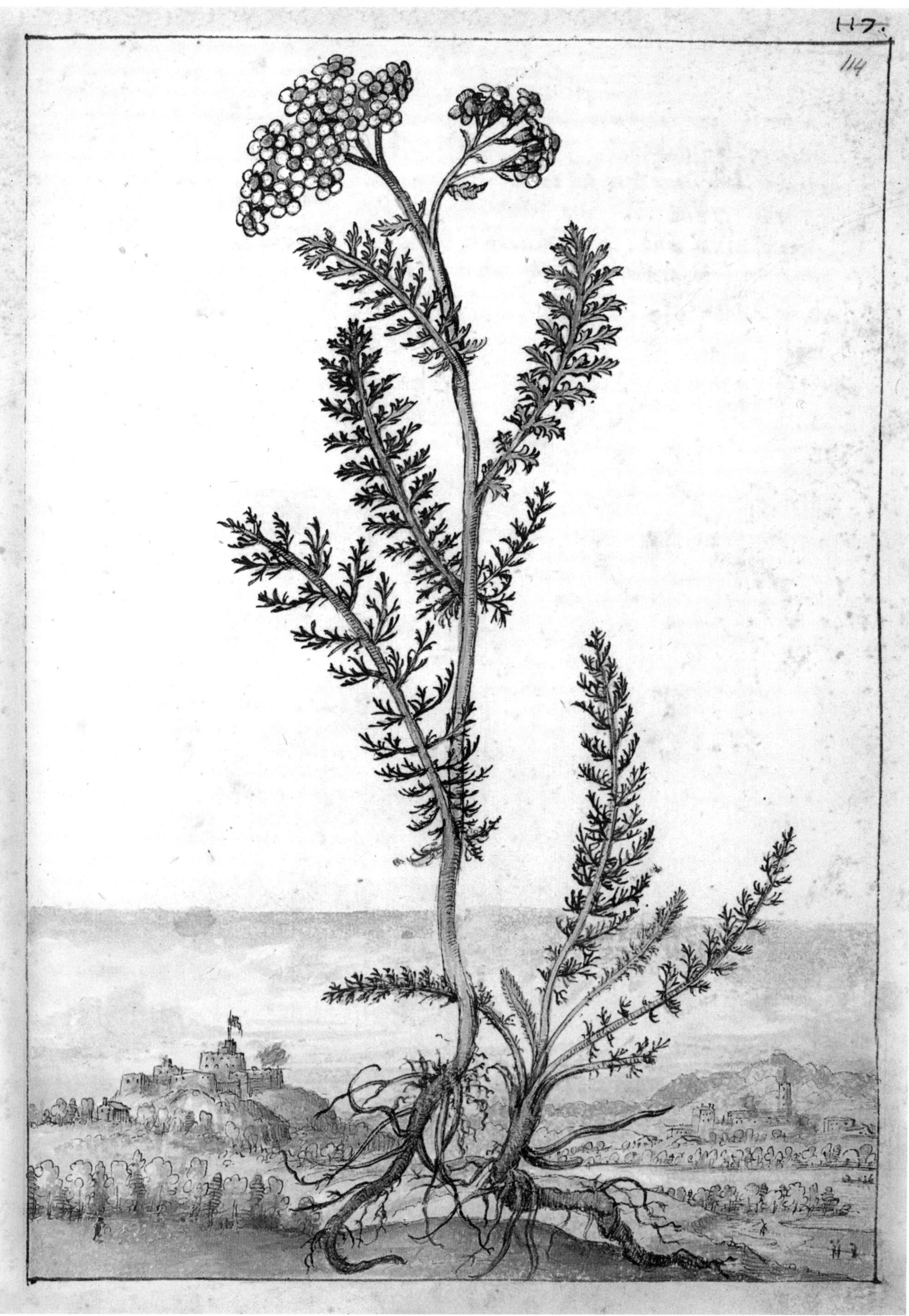

铁线蕨

Adiantum capillus-veneris L.

植物学描述

永远年轻

这一铁线蕨科多年生常绿植物具有发达的匍匐根茎。叶片低垂，长度为10~50厘米，成长于春季，并在夏季形成孢子。其叶在冬季依旧常绿，且在整年中逐渐减少。叶柄和叶轴薄，呈黑褐色。叶子有2~3层羽片，植株外观轻盈。羽片为极具特色的扇形。孢子囊隐藏于末回羽片的上缘。

它从不会被弄湿

希腊语“adianthos”意为“从不会被弄湿”。即使浸入水中，它的叶子也能保持干爽。这一物种的理想生存环境是水源充足的阴凉区域。它在法国南方最常见，多生长于低海拔的石灰岩地上，在海拔1000米甚至1500米的法国南部地区就不常出现了。这一分布规律同样出现在于加拿大和美国。同属的其他4种大多生长于热带地区。

种植收获物的用途

真是奇迹！

在自带小型瀑布的溪流边，草药师正在岩石小丘上采集这一种有精致叶片的蕨类植物。16世纪，曾在蒙彼利埃学习的医生马蒂亚斯·德·罗贝尔（Mathias de l'Obel）建议用这种植物治疗哮喘和百日咳。1624年，让·德·勒努（Jean de Renou）医生称，熬煮这种植物得到的汁液或用它制成的糖浆，可以缩小甚至消除所有脓肿和淋巴结结核，也可以使秃顶部位生发、减少肾结石。总而言之，这种植物可以治疗胸部、肝脏、肾脏和脾脏的疾病。1684年，巴黎著名的普罗可布咖啡馆（le Procope）推出了一款著名的饮品“巴伐利亚”（la bavaroise），这种饮品由用铁线蕨制成的糖浆与茶、奶、咖啡混合而成，后来出现的同名的奶油名字也来源于此。直到20世纪初，新鲜的蕨叶依旧被用于煎药或制作止咳冲剂。

畏寒的优雅

在冬天的花园里，如果气温降到5℃以下，这种美丽的蕨类植物就会落叶并消逝，但会在春天迎来重生。在家中，我把植株种植在露天的地方，选择了一片排水良好且富含石灰质和腐殖质的肥沃土地，将其栽种在阴暗潮湿处。这种植物特别能适应石子地和墙面，还可以培植成室内植物。

欧洲龙牙草

Agrimonia eupatoria L.

植物学描述

大量嫩芽

欧洲龙牙草是蔷薇科（类欧亚路边青和犬蔷薇）多年生草本植物，根茎多分枝，不同的分枝上会生出可供繁殖的不定芽。茎笔直，高 40~60 厘米，多茸毛，少有分枝。茎的所有部分皆呈淡红色。叶为羽状复叶，由 5~9 个卵状披针形小叶组成，边缘有锯齿，小叶有少量叶裂。这些叶子的背面有茸毛并呈白色。叶柄基部有镰形托叶环抱，呈紫色。花朵为黄色，相对较小，由很短的花柄支撑。花萼呈倒锥状，有明显的细纹一直延伸到基部，尽头处有穗丝。花期在 6—9 月，有时要等到秋天。果实为瘦果，只有一层心皮。

坏掉的眼睛?

“agrimonia”一词是希腊语词“argemone”变形而来，意为“角膜翳”。欧洲龙牙草之所以有此名，是因为这一植物拥有抗眼部炎症的特性。欧洲龙牙草喜欢生长在未耕种过的土地、树篱和阴凉处，在高海拔地区不见踪影。这一植物在法国以及欧洲其他地区都广为人知，在一些北方地区则并非如此。在欧洲以外，可以在亚洲的北部和西部、非洲的北部以及加那利群岛上找到这一植物。

种植收获物的用途

非烈性的

18 世纪，善于染色的植物学家路易・亚历山大・丹布尔奈（Louis Alexandre Dambourney）发现，由欧洲龙牙草熬成的浓缩液可以将羊毛织物染成金色，而且不易褪色。1760 年初，医学教授让・弗朗索瓦・安贝尔（Jean François Imbert）在蒙彼利埃植物园游览期间，向他的学生介绍了这一植物的药用价值：“它可制成一种常用的清淡开胃酒，也能治疗肝梗阻和脾梗阻；有人则认为欧洲龙牙草具备收敛性，可用于治疗所有类型的出血症。”在夏天，也有人采集它的叶子熬成汁以治疗咽炎。

再次发现

欧洲龙牙草被低估了，我认为它值得深入研究。特别是在自然花园中，它有一种可以吸引鞘翅目昆虫的特质。欧洲龙牙草喜欢黏土，且喜欢生长在阳光充足或半阴的地方，适应性很强（能耐受 -15℃的低温）。花上会抽出漂亮的穗，这些穗在结果前的整个夏天都会持续存在。欧洲龙牙草的收割必须在未结种子前进行，有时需要保留其近地面的茎部，以便在果实成熟时收集一些可供补种的种子。补种可以立即进行，也可以在翌年春天进行。

欧亚羽衣草

Alchemilla vulgaris L.

植物学描述

能渗水滴的叶子

欧亚羽衣草是蔷薇科多年生草本植物，全身无毛或有茸毛。根茎短且通常较少分枝，利于新植株的发育。茎直，呈鲜绿色，有时伴有淡红色，长 8~40 厘米。叶子很大，呈类圆形，两面皆为深绿色，背面在少数情况下稍显光滑。叶片有 7~11 片浅裂片，在边缘处或顶端通常有很多锯齿。这些裂片上会出现常见的因吐水作用从气孔中渗出的水滴。托叶有锯齿。花呈淡黄绿色，很小，聚为无毛且分散的聚伞花序。花期在 5—9 月。果实为瘦果。

炼金术士的植物

“alchemilla”（意指炼金术）是拉丁语“alchemia”的指小词，因为炼金术士曾经搜寻这一植物，想收集它叶子上渗出的水滴用于哲学研究（la recherche philosophale）。欧亚羽衣草在海拔 2500 米的地区都可以被找到，在含有硅质灰岩的土地上也可以生长。欧亚羽衣草在欧洲的所有地区、格陵兰岛、高加索地区、西伯利亚地区以及纽芬兰岛均有分布，而地中海地区的少数地方则不然。

种植收获物的用途

天堂的露水

炼金术士曾经在欧亚羽衣草的叶子上收集渗出的水滴。这些外形完美的水珠含有一定量的氯，可用来配制药剂。在古代，欧亚羽衣草的汁液会被当成滋补品。因欧亚羽衣草有诸多使用价值，很多女性用它的名字为自己起名。

苦艾酒颜色的花!

我选用的是柔毛羽衣草。我非常喜欢它灰色而光亮的叶子，叶子之上是与苦艾酒有着相同绿色的花，排成聚伞花序的花朵在 6—9 月会重新长出。它的适应性非常强（能耐受 –15℃的低温），耐旱，多长在野地里，喜阴或半阴。欧亚羽衣草生活在干燥的环境中，我在秋天把它的花簇分开，以便进行繁育，并经常整株修剪，以避免它自行补种、长出新的叶子。

葱芥

Alliaria petiolata (M. Bieb.) Cavara & Grande

植物学描述

蒜香

葱芥是十字花科（类银扇草和甘蓝）二年生草本植物，根系有大量不定芽，保证植株的长期繁殖。茎高 30~100 厘米，直立，底部有茸毛。叶片边缘有明显的锯齿，但嫩叶上的锯齿并不突出，植物下部的叶片呈肾形，上部的叶片更尖，呈心形。整株植物，特别是叶子，当我们揉碎它时，会散发出一股浓烈的大蒜味。花聚集在顶部的花序上，花朵为白色且由短花柄支撑。花期通常在 4—6 月，有时会在 8 月。果实为角果，横截面呈方形，由变粗的花柄支撑，花柄在种子成熟时会凸起。果实的每一裂瓣有 3 条脉络，中心的脉络与果实等长。种子布满条纹，并排成一列。

树荫区的常客

“allium”在拉丁文中是“蒜”的意思，“alliaria”指的是先散发出来的气味，葱芥的拉丁学名就来源于此。这一植物喜欢在野地和阴暗处生长，在树篱上、在路边、在灌木林中，直到海拔 800 米的地区都有它的踪迹。这一物种在整个法国境内都有分布，在地中海地区则相对稀少。它同样几乎在欧洲的所有地区存在，还有西亚，并一直延伸到印度。

种植收获物的用途

一种能够击退吸血鬼的味道?

采摘者将葱芥拿在手上思考其用途，似乎有所疑虑。葱芥究竟有什么用？葱芥新鲜的叶、花和种子，长久以来都被用于祛痰，尤其是用于治疗哮喘和肺结核。它的气味能够击退所有的动物，如果没有成功击退，它的叶子也可用于缓解有毒动物的咬伤和蚊虫的叮咬。它的汁液因在疖子治疗中展现了抗菌性而闻名。直到 18 世纪，依然有人因其叶片具有净化、利尿、祛痰功效而种植这种植物。

淡淡的大蒜味

葱芥可食用，在调味品花园中占有一席之地，能给沙拉和生食带来一种大蒜的风味。在每年 3—4 月种植期，需将它的苗置于半阴的肥沃鲜土中。因为它是二年生的，所以必须每年进行一次种植。在春天开花以后，必须给苗上种，使其可以自行补种，还需频繁修剪，使其长出嫩叶。这些嫩叶可用于佐餐，但以生食为宜，一经烹煮，它们就会丧失原有风味。

芦荟

Aloe vera (L.) Burm. F.

植物学描述

像果冻一样，但很尖

芦荟是阿福花科（类萱草或阿福花）多年生草本植物，具有木质化的茎，根部厚实，活跃的根茎上可长出浓密的簇。叶为线状披针形，直立，呈白绿色，嫩叶上常有明显斑点。叶缘有零星尖锐锯齿。叶片厚实并含黏稠胶质。花序为串状，多有长 60~90 厘米的 2~4 条分枝；花柄直径可达 2 厘米。花朵微垂，长 2.5~3 厘米，中心略鼓胀。花朵呈白黄色，有时会带红色斑点，甚至把花朵完全染成红白色，花柄呈亮绿色。花瓣上有 3 条清晰的条纹。花被的裂片有管子，外裂片自身有一半都呈现为游离状态，其顶端轻微弯曲。雄蕊和花柱明显高于花冠。芦荟在炎热且干燥的夏天开花，果实为蒴果。

神秘的起源

“aloe”是由希腊语“aloê”派生的拉丁语词，指这一植物的汁液，在古代，人们善于利用它的多种特性。关于它的地理起源有很多假设：由于芦荟和印度芦荟相似，因此有人认为它起源于印度北部、尼泊尔和泰国；也有人认为它起源于阿拉伯半岛，因为那里有它的近亲——药用芦荟（*Aloe officinalis* Forssk）。芦荟在 17 世纪被引入中国以及南欧部分地区。这一物种可以在岩地和沙地上找到。

种植收获物的用途

明星降生!

这是植物图集中唯一一幅展示植物生长在花盆中的图片。这些芦荟似乎由修女照料，它们的培育地点就在修道院的回廊。烟囱里冒出的烟表明天气越来越冷，需要把花盆收回室内以躲避严冬。据 1566 年马蒂奥利的记载，芦荟在意大利广为种植，特别是在罗马和那不勒斯，因其具有药用价值和观赏性，所以它们常被种在窗边和长廊边的花盆中。2 世纪时，盖伦指出芦荟汁液能够加速伤口愈合。它还是轻泻剂，可治疗痔疮、生殖器感染和消化不良。用水稀释芦荟汁，可缓解口、鼻、眼的炎症。芦荟与没药的混合物常被用作尸体防腐剂。芦荟是植物疗法中最受青睐的植物之一，既能巩固免疫系统，又能促进愈合，还可抗感染。美容行业称，身体乳、唇膏、牙膏、去角质液等美容产品以及年轻化治疗，都得益于芦荟的功效，这不无道理。

非常简单!

芦荟功效出众，观赏性更是突出。芦荟在室内和冬日花园中都极易栽培，因为它根部横向生长的速度很快，所以需要一个宽度大于高度的花盆。不需要浇很多的水，只需将芦荟插在腐殖质、沙子和正常土壤的混合物中，两年之后，一些小芽会在茎的下部出现，把它们拔下，然后种植起来。如果阳光充沛，将芦荟置于室外几个月，从此以后，它将长得又大又好。

144 150

蓝紫倒距兰 / 白翅兰

Anacamptis morio (L.) R. M. Bateman, Pridgeon & M. W. Chase / *Orchis pallens* L.

植物学描述

有盔瓣且多色

蓝紫倒距兰和白翅兰都是兰科（类紫斑掌裂兰或香荚兰）多年生草本植物，由块茎支撑。

蓝紫倒距兰：有长 10~40 厘米的花茎和两个球状块茎。下部的叶片微微展开，窄而长；其他叶片紧紧包裹着花序以下的茎干。叶呈亮绿色，没有斑点。花呈鲜红色、淡紫色、玫红色或白色，有鲜红色的苞片心。萼片与卵球形的盔瓣相连。唇瓣分成三叶，其中两叶有侧芽，很宽，呈圆形，边缘有锯齿。花期在 3—6 月，因所处地点不同而在不同的时间开花。果实为蒴果。

白翅兰：有长 10~30 厘米的花茎、两个卵球形块茎。叶为长椭圆形，叶子顶端有小尖，底部有叶鞘。叶片呈亮绿色，没有斑点。花朵多为白黄色，少数是红色或白色，且带有白黄色的苞片。顶部萼片以及 2 片上部的花瓣都与一片盔瓣相连，另外 2 片萼片则是展开的。唇瓣略分裂成 3 片长度相等的裂叶，边缘有锯齿。花期在 4—6 月。果实为蒴果。

受到过高评价!

希腊语“orchis”意为有卵球形块茎的植物。蓝紫倒距兰能在高海拔地区生存。它在法国是一个很常见的物种，但地中海沿岸少见，在斯堪的纳维亚以及北亚和西亚以外的欧亚大陆也可以见到它的身影。

白翅兰最高可以在海拔 2400 米的山区生长。它的分布很不均匀，在一些地方很常见，而在另一些地方却很稀有。

种植收获物的用途

壮阳药和肉汤块的鼻祖

两位采摘者站在一片开阔的草地上；一人指导另一人采挖这一兰科植物，并提醒他不要弄坏球茎。这些球茎都长得很像睾丸，因此人们认为其有壮阳的功效，可以治疗老年人的不举之症。1815 年，弗朗西斯·皮埃尔·肖默东（F. P. Chaumeton）发现这些兰科植物具有兴奋（恢复体力）和镇静的功效，建议将其用来治疗结石、尿路疾病、腹泻及出血。让·路易·玛丽·普瓦黑（J. L. M. Poiret）提到了它的另一种用法：它的球茎体积小，便于保存，在航海以及被围城和封锁时可以充当一种非常实用的应急食物。他重复了一个叫默里的人的方法，即把球茎和肉冻同时磨成粉，作为水手的食物。只需用 1 升淡水和适量海水冲调约 50 克的这种粉，就能为一个水手提供一天的食物。也就是说，1.5 千克这种粉末足够一个水手吃 1 个月。但自那以后，这种兰科植物对人们的吸引力似乎仅仅停留在其美丽的外表上。

琉璃繁缕

Anagalis arvensis L.

植物学描述

一叶一果

琉璃繁缕是报春花科（类仙客来或珍珠菜属）一年生或多年生植物。茎高5~30厘米，横截面为方形，部分茎干躺卧，另一部分直立或四散。叶片为椭圆形，也有长而扁的，对生或轮生。叶上有3~5条叶脉，无柄，无毛，背面有黑斑。花朵多为红色或蓝色，极少数为白色、肉色、紫色、玫红色或浅绿色。花单生，由与叶片长度相当或更长的细花梗支撑。花梗末端下弯，果实在叶下长出。花萼由细长的萼片构成，边缘膜质。花冠有5片锯齿状花瓣。花期在5—11月，盖果被宿存萼包裹。

逗人发笑的植物

“anagalis”来自希腊语“anagelein”，意为“捧腹大笑”，因为古人认为它有使人发笑的特性。琉璃繁缕是野生的，且品种繁多，在耕地、沙质土壤甚至高海拔地区都很常见，在欧洲任何地方以及地球上所有的温带地区都可以找到这种植物。

种植收获物的用途

雌性？雄性？

插图以狩猎的场景为背景。狐狸被猎狗攻击，被从树林中赶出来，猎狗身后紧跟着两个猎人。他们来到一片草地，上面的条痕说明这片草地被羊啃食过。这里的环境十分有利于琉璃繁缕的生长，特别是山丘下方不远处有一条小河，说明这附近比较潮湿。琉璃繁缕已经开花了，因而这一场景是发生在夏天。迪奥斯科里德斯提到过两种类型的琉璃繁缕，一种是雄性的，花为蓝色；另一种是雌性的，也就是插图中的那种，花为红色。无论将哪一种颜色的一束琉璃繁缕挂在家门上，都可保佑整个家免中妖术和魔法。把琉璃繁缕和葡萄酒混合，可治疗蛇咬伤，缓解腰痛和肝虚，甚至可以用于治疗狗咬伤导致的狂犬病。把琉璃繁缕加到蜂蜜中，可使患眼疾者目明，对患眼疾的马也适用。人们认为将琉璃繁缕的汁液滴入牙痛位置同侧的耳朵里可以缓解牙痛。它也可以用于面部，使貌美者更加容光焕发。在中世纪，饮用琉璃繁缕的熬煮液和酒的混合物可以发汗，从而治疗鼠疫。琉璃繁缕可以喂羊，同时可以毒死金丝雀以及其他小鸟。在顺势疗法中，它用于抑制瘙痒。

时间的镜子

我在鸡舍附近种了很多琉璃繁缕，并把土壤压得十分紧实，因为我喜欢植物在艰苦的环境下成长、不曾被种在花园里的样子。这些植物要求我必须以一种中肯的眼光把它们看作是独立的。当然，它们不是在苗圃中培育的植物，但它们在花园中拥有真正的生命。琉璃繁缕的花在6—10月天气晴朗时开放，在下雨的时候闭合，这就是它们被称作“时间的镜子”的原因之一。总之，就是这样一株朴实的小植物赢得了园丁的关注。但我更喜欢白色的琉璃繁缕，它对鸟类而言是无毒的。

欧獐耳细辛

Anemone hepatica L.

植物学描述

常青叶

欧獐耳细辛是毛茛科多年生草本植物，有纤维状的短茎。叶由 3 片全裂片组成，长 5~15 厘米，质地十分坚实。冬天时，叶片依旧常青，背面会变为淡红色；春天时，旧叶旁会添新叶。花梗先于新叶长出，高 10~20 厘米，支撑着一些蓝色（略带淡紫色）、粉红色或白色的单花。在花之下有一个总苞，也就是一组环抱着茎干的苞片。欧獐耳细辛的总苞包含 3 片椭圆形无柄的苞片，这些苞片靠近花朵，很容易被误认为花萼。果实由毛茸茸的心皮构成，顶部很尖。

它跑遍了整个村庄

“Hepatica”一词来自希腊语“hêpar”，意为“肝脏”，因为这种植物叶片的轮廓与肝脏相似。在山谷、森林，甚至背阴的岩石区或它所逃离的花园附近都有它的足迹。欧獐耳细辛甚至能在海拔高达 2200 米的地方生长。几乎在整个法国的硅质或石灰质土地上我们都能遇到它（除了北部和西北部）。它也遍布北极地区以外的欧洲、西伯利亚以及北美地区。

种植收获物的用途

肝的朋友

插图中的场景发生在初春，也就是欧獐耳细辛的花季。从古代以来，由于这一植物的叶与肝的外形相似，它一向被认为可以治疗肝病。因而，人们将这些叶和花一起捣碎，然后熬煮成汤剂服用，以疏通肝脏和脾脏，促进尿路通畅，以及清洁肾脏和膀胱。19 世纪初，人们会在通便包中加入一些欧獐耳细辛的花，这种通便包在春天很常用。通便包其实是一个装有药物的薄布小包，用于泡水或泡酒。在这些用法被逐渐抛弃的同时，欧獐耳细辛在顺势疗法中重新发挥了自己的药物价值，例如治疗支气管炎。

很美，但很挑剔

令人感到奇怪的是，欧獐耳细辛不是花园中的常客，尽管它的确具有很高的美学价值（也许它不受待见的原因是仅 10 厘米的矮小身材）。在春天或秋天，人们会将其种在半阴、排水良好、含腐殖质甚至石灰质的普通土地上。欧獐耳细辛适应性很强（可耐受 −15℃的低温），但需要一段适应过程，请保持耐心，几年之后，它将长成一片漂亮的地被。从 3 月开始，在倍受鼻涕虫青睐的叶片萌出之前，花就开始长出来了。欧獐耳细辛需要精细的栽种，且很难移植。

179.
170

孔雀银莲花

Anemone hortensis L.

植物学描述

早熟且多产

孔雀银莲花是毛茛科（类黑种草）多年生草本植物，有块茎和棕色的地下主根。株高 20~40 厘米，茎干有花，直立，被短柔毛。叶柄长，叶呈掌状，浅裂为 2~5 片裂片，边缘有不同的裂口和锯齿。总苞连接于花序基部，无柄，少分裂或无分裂。花大而单生，为粉红色、红色、淡紫色、紫色，极少数白色。花期在 3—4 月。萼片有 8~15 片，通常很窄，形由尖到钝，表面有些许茸毛。果实由带茸毛的心皮发育而来，花柱在果实上，形成了一个比心皮稍短的无毛前端。

风的女儿

孔雀银莲花拉丁学名中的“anemone”来自希腊语“anemos”，意为“风”。这一类植物喜在有风的地区生长。孔雀银莲花许多品种常被栽种，花的形态十分多变，生长范围在海拔 400 米以下，不仅分布于农业区（葡萄园、田地），在法国南部的树林和草地上也长得很好。除法国外，它也生长于地中海沿岸以及小亚细亚半岛。

种植收获物的用途

美丽的毒药

朱利亚·德·丰特奈尔（Julia de Fontenelle）明确指出，这一植物是真正的毒药，使用时要非常谨慎且熟练。这也让我们有理由远观它的美丽！

每一个花园都有属于自己的孔雀银莲花

无法想象花园中没有它。它品种众多，长在半阴的落叶林边缘、晴朗的石子地甚至青草地上。

在诺曼底，我把品种名为“卡昂”（Caen）的欧洲银莲花（*Anemone coronaria*）种在砾石花园中，它在 5—6 月开花。我个人很喜欢另一品种的欧洲银莲花——“福克先生”（Mr. Fokker）蓝紫色的花。它喜欢阳光充足、松薄、沙质的土壤，能长到 50 厘米高。为了庆祝春天到来，希腊银莲花（*Anemone blanda*）深蓝色、白色或粉色的星形花照耀着落叶林中尚未长新叶的日子。这些高 15 厘米的植物长在树林边缘，环境适应能力强，可耐受 –15℃的低温，生长在肥沃、含腐殖质和石灰质、排水良好的土地上。高 20 厘米的高山银莲花（*Pulsatilla alpina*）是我会种在石子堆中的第一批植物。5 月开始，它会长出珍珠白色、粉色或蓝色的花朵，花中有金色的雄蕊。它可耐受 –20℃的低温，只要土壤排水良好，天气晴朗或稍阴都可生长。五雷火（*Anemone japonica*）不容忽视，特别是它的杂交品种——“奥诺·季伯特”（Honorine Jobert），花大、重瓣且为纯白色，但明显不如经典品种多产。我非常喜欢它花卉的丰富性。这些花是夏末花园中最漂亮的，会一直开到 10 月。五雷火的适应性非常强，可耐受 –15℃的低温，喜肥沃、含腐殖质、排水良好的土地或富含堆肥的普通土壤，最好半阴且少风，以避免长达 1.2 米的茎干被吹倒。

欧洲马兜铃 / 圆叶马兜铃

Aristolochia clematitis L. / *Aristolochia rotunda* L.

植物学描述

梨形或球形的果实

这两种马兜铃科（类欧洲细辛）多年生草本植物可利用强健的块根进行无性繁殖。

欧洲马兜铃：茎干高 20~80 厘米，直立且有棱角。叶柄明显，且比叶片要短。叶片呈心形，亮绿色，边缘粗糙。花较短，呈淡黄色或黄绿色，基部有膨大的圆锥体，末端有一个扁平的延伸部分。3~6 朵花被包在叶腋中，由一些短花柄支撑。这一植物的气味并不讨人喜欢。花期在 5—8 月。果实为梨形、小球状、悬挂的瘦果。

圆叶马兜铃：茎干细长无毛，直立，有凹槽，常常有分叉。茎高 20~60 厘米，基部为块茎。叶无柄，叶片基部的两片裂片环抱茎干。叶片很光滑，叶脉相当不显眼，叶片为椭圆形或圆形，顶端有一个很小的窦，有时则无。花为淡黄色，甚至有时候会有几道血红色纹路。在花的基部有膨大的圆锥体，末端是一个扁平的褐色舌状延伸。这些花由长约 1 厘米的花柄支撑。花的长度等于或完全超过了基部叶片的长度。花期在 4—6 月。果实为悬挂的小球状瘦果。

古代的硬膜外麻醉

“aristolochia”来源于希腊语词“aristos”（意为“最好的”）和“locheia”（意为“分娩”），因为马兜铃以助产的功效而闻名。通常来说，这两种马兜铃可以生长在海拔 800 米以下的灌木丛、树篱以及树林边缘。欧洲马兜铃喜欢石灰质土壤，但也会生长在葡萄园里和流水边。它不均匀地分布在法国的各个地区，另外在欧洲南部、小亚细亚半岛以及北非地区也有分布。圆叶马兜铃则分布在地中海地区（主要是沿海地区）和欧洲西部，在北美、中欧、南欧以及亚洲西南部地区也有分布。

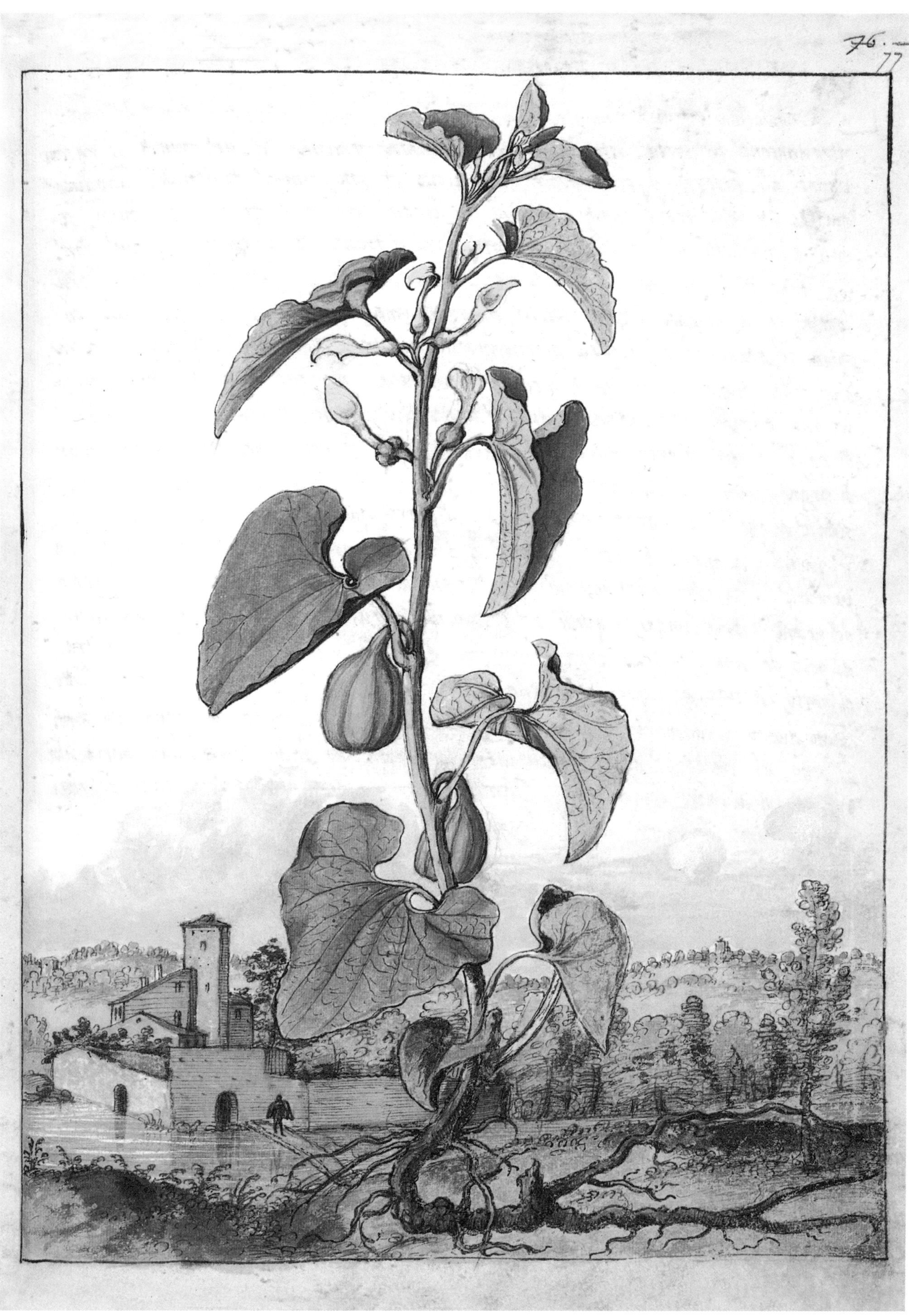

种植收获物的用途

近水

在前一幅插图中，一个身穿黑衣的人不安地走在一座小桥上，桥对岸是一栋被防御工事环绕的建筑，岸上种植着一些欧洲马兜铃。是否有一个临盆的产妇正等待他带着欧洲马兜铃珍贵的根茎回来?

在后一幅插图中，水依然是风景中的主角，它环绕着一个海角，海角上伫立着一座带小塔的建筑。对岸，圆叶马兜铃生长在一个古老的小河湾上，小河湾似乎已被土填满，上方的草原遍地是羊。

在赞颂和批判之间

1815 年，肖默东在药典中简述了马兜铃的历史。在他看来，马兜铃最早出现在古代医学典籍里，比如希波克拉底（Hippocrate）和盖伦以及迪奥斯科里德斯的著作。迪奥斯科里德斯夸赞这种植物的根茎有解毒的功能。换句话说，可用于治疗鼠疫和有毒动物的咬伤。肖默东还提到了医生兼植物学家让・埃玛努埃尔・吉利伯特（Jean Emmanuel Gilibert，1741—1814），对他而言，这一植物的根茎是一种珍贵的利尿和调经药物，但很少被使用。著名医生让・路易・阿里贝（Jean Louis Alibert，1768—1837）反对了这一观点，他认为，此植物根本不具备任何上述的药用价值。肖默东以圆叶马兜铃在关节炎的治疗中所引起的不适症状结束了论述。1791 年，著名的《方法论百科全书》（*Encyclopédie méthodique*）第二卷（主要内容为农业和园艺）指出，马兜铃因其药用价值而被种植在医药园中。植物学家、百科全书的作者之一——安德烈・图安（André Thouin，1714—1824）进一步介绍道，园艺师取欧洲马兜铃的叶加水熬煮，以驱赶那些在温室中侵害植物的蚜虫和蚂蚁。

白蒿

Artemisia alba Turra

植物学描述

早已是一种药用香水!

白蒿是多年生菊科植物（类春黄菊或苍耳），从生的木质茎干长 60~100 厘米，多分叉且集中于下部，直立，有少许茸毛。叶为一至二回羽状复叶，有斑点，叶片呈直而窄的条状，呈绿色，有时略带白色，带耳状叶柄。花呈管状，浅红色，聚集在 3~5 毫米宽的头状花序中，有花梗，开花时倾斜并聚为总状花序。花序大部分被苞片覆盖，总苞有茸毛，呈白色，裂片的边缘呈膜状。花期在 9—10 月。果实为瘦果，带有黄色的小型香脂腺。整株植物散发出一股浓烈的樟脑味或松脂味。

秋日之花

白蒿花朵的名字来源于古希腊的狩猎和自然女神。这一植物既可以在废墟堆和岩石板上生长，也可适应开阔的环境，例如荒野、灌木丛、草地。在法国，它可以在海拔高达 1300 米的地区生长。在阿尔萨斯地区、阿登高地、约纳省和谢尔省则较为少见。白蒿喜欢干燥、炎热和晴朗的环境，因而在撒哈拉 – 阿拉伯地区和地中海地区也有分布。

种植收获物的用途

古代的抗狂犬病毒药物

采摘者肩扛长柄大镰刀，手拿编织袋，走到一座长有白蒿的小山上。为了驱赶蚊虫，他割下一支放在帽子里。白蒿在迪奥斯科里德斯的时代就为人所知，其药用价值很高，从驱虫到调经，从滋补到抗痉挛等。1737 年，尼古拉・莱梅里在他的《百草集》（*Nouveau recueil des plus beaux secrets de médecine pour la guérison de toutes sortes de maladies*）中给出了一个方子，治疗被患有狂犬病的动物咬伤的狗：准备紫草、芸香和白蒿，芸香用量要多于紫草，而紫草用量要多于白蒿，再准备一头大蒜，将它们打碎并混入白葡萄酒、清水和盐的混合液体中，然后让狗空腹服用这一混合液，两小时内忌饮食、饮水、睡眠。1762 年，蒙彼利埃医学院的安贝尔教授在一次植物园游览中向他的学生指出，白蒿作用很大，是一种强效的调经和抗癔症药物，将几束白蒿的枝条编成腰带使用可以恢复月经畅通。如今，一些植物疗法实验室提出白蒿油具有杀虫、杀螨、肺部抗菌、抑制支气管扩张以及祛痰的功效。

银色的叶片

白蒿适生于干燥的花园，要求土壤要薄、有石灰质化的倾向、排水良好，以天气晴朗为宜。我在家里种了一株银叶蒿（*Artemisia ludoviciana*），簇宽 70 厘米，银灰色芳香叶非常美丽。适应性极强，可耐受 –20℃的低温。建议在春天或秋天种植白蒿，以免根茎争夺营养。可选在春天将它的簇分开，减轻它的负担，同时剪掉花序，使叶子能够更好地生长。白蒿可以很好地抑制其他杂草生长。它还有几个不错的品种：“银色女王”（*A. l.* Silver Queen）和“瓦莱丽・芬妮”（*A. l.* Valerie Finnis）银白色的叶片令人陶醉，“鲍威・卡斯托”（*A. l.* Powis Caltle）则姿态优雅。

意大利疆南星

Arum italicum Mill.

植物学描述

佛焰苞、佛焰花序……海芋的舌头

意大利疆南星（又称意大利海芋）是天南星科（类龙木芋或水芋）多年生草本植物，块根生在地下并会生出短茎干。块根由支撑着根部以及整个植株的一年生的部分和正在枯萎的老年部分组成。茎干直立，叶柄以叶鞘的形式包裹着叶片。叶长 25~60 厘米，正面的白色叶脉富有光泽且清晰可见。叶片呈箭头状，有三角形且分裂的裂片。佛焰苞是包裹着花序的变形叶片，呈圆锥形，有一条从上部延伸至下部的裂口，颜色为白绿色。佛焰花序中有处在下部的雌蕊花，在雌蕊花上方则是雄蕊花，还有在花丝之上的不育花。顶端长得像狼牙棒。花期在 4—5 月，然后才长出叶子。果实为红色浆果，每颗有 4 粒种子。

一个原籍希腊的意大利物种

希腊语中的“aron”（拉丁语为“arum”）指的就是这种植物。它生长在低海拔地区。在法国，它的分布很不均匀，常见于西部。我们也可以在高加索、小亚细亚和北非地区发现它的身影。

种植收获物的用途

一棵意大利疆南星可以遮住另一棵

普瓦黑在 1825 年指出，迪奥斯科里德斯所提及的意大利疆南星和埃格诺夫（Egenolf）、福克斯（Fuchs）或布伦菲尔斯（Brunfels）等 16 世纪的医生和植物学家所认识的意大利疆南星或海芋不一样。植物图集所展现的正是后一种。普瓦黑并不认为这一植物有什么药用价值，因为它性烈且有毒性。但他认为，如果以正确的方式烘烤意大利疆南星的根，再煮上几回，就可以得到大量白色、有甜味、营养丰富的淀粉。这种淀粉可以用于制作浆糊、淀粉浆、美容膏，除此之外，还可以做成浓汤、面糊甚至面包和烙饼。帕门蒂埃（Parmenter）曾提出在饥荒时期可以用它来充饥。在某些遍地都是意大利疆南星的乡下，农民会用它的根茎喂猪，女人们则用从中提取出的膏状物漂白她们的贴身衣物。后来意大利疆南星仅仅因其美学价值而被种植。

美丽而早熟的叶片

意大利疆南星喜欢生长在秋天，块根长在 10 厘米深且含腐殖质的土壤中。在我家，我将其种植在小树和小灌木之下的一片石子地上。春天，我喜欢它那宽而长，且透着奶白色叶脉的绿色叶片，叶片之上便是带有橘色浆果的白绿色佛焰苞。冬天，即便它们能抵挡 –15℃的低温，我也会用叶子将它们盖住，以保护块根不受霜冻。美中不足的是，几年之后，它会长得过大。

欧洲细辛

Asarum europaeum L.

植物学描述

令人兴奋的芳香

欧洲细辛是马兜铃科（类马兜铃）多年生草本植物，多茸毛，根部长且分叉。茎干长且蔓延，并发出直而短的分枝，分枝长5~15厘米。叶片宽而有光泽，呈肾形，由一个长叶柄支撑。揉搓叶片时会闻到一股胡椒的味道。叶片对生，由轴底部的一些很宽的鳞片支撑。花为单花，由短花柄支撑，呈钟状，有茸毛，为深鲜红色或灰黑色。每朵花似乎都是从每一组叶的叶柄中长出来的，花被由3片裂片构成。这种细辛的花并不显眼，通常都会被叶片挡住。花期在4—5月。果实为小球状蒴果，质坚，并包含6个室，室中种子分布为2列。

能说明一切的名字

“asarum”源于希腊语词“asération”，意为“倒胃口的”“恶心的”。如果植物有这样的气味，就会让人不愉快。欧洲细辛在森林和潮湿的灌木丛中生长，在法国丘陵起伏的地区最常见。它喜欢石灰质土壤，最高可以在海拔1700米处生长。欧洲细辛分布在欧洲中部和南部、亚洲北部及高加索地区，在法国西部和南部没有它的身影，在其他地区的分布也不均匀。可以说，这是一种比较珍稀的植物。

种植收获物的用途

减少酒精的伤害

两个牧羊人看护羊群时，在天空的窟窿中看到了天使。天使头顶光环，手持卷轴，其中可能记载了“天使粉”（又名嚏根草细辛粉）的配方。这种东西是一种引嚏剂，直到19世纪仍在使用。欧洲细辛也因其肾状叶而在古代闻名，还被认为可以治疗肝梗阻和脾梗阻。它的根部和叶因为可以催吐也很出名，可以在患肠道疾病、严重发热以及百日咳时清洁器官。欧洲细辛的绰号是“小酒馆”，因为它可以让醉酒的人排出摄入过多的酒精，在植物疗法中用于治疗行动障碍和酒精中毒。

从树林到阴暗的花园

这是一株美丽的草本植物，它在小灌木底下铺展开，但一点也不显眼。它的适应性很强，却并不喜欢长时间的霜冻，因为这会冻伤它的常青叶。从5月起，它会长出紫绿色和栗色的钟状花。我非常喜欢它深绿色的圆叶，富有光泽，在阴暗处熠熠生辉。它喜欢肥沃、富有腐殖质和石灰质以及排水良好的土壤。如果一切条件都能满足，它在任何地方都能生长。

92-94.

深山铁角蕨

Asplenium adianthum-nigrum L.

植物学描述

小型蕨类

深山铁角蕨是铁角蕨科（类泽泻铁角蕨和欧洲对开蕨）多年生常绿草本植物，根茎短且覆盖着片状物，植株高 10~40 厘米。叶柄呈灰黑色、发亮、无毛，长度与叶片相当。叶片比较坚实，双羽状，呈长三角形，顶端渐尖，上部为深绿色，有光泽。一回裂片呈渐尖的三角形，就像边缘一样；而二回裂片则呈椭圆形或披针形，其中一些有锯齿，分裂，锯齿通常渐尖。叶片裂口的开放程度变化程度很大。新叶会在春天长出。孢子囊群大量聚集在叶的下部，在 3—10 月发育，成熟后将覆盖整个叶片的下部。

对脾脏有益

“asplenium”来源于希腊语“asplenon”，意为“医治脾脏的药”。这一植物的某些品种被古希腊人用于治疗脾脏疾病。深山铁角蕨最高可以在海拔 1800 米处生长。在法国，这是一种常见的植物，但在北部、东部（除了孚日山脉）和汝拉山脉比较稀有。在世界范围内，深山铁角蕨几乎在欧洲、亚洲、非洲和北美洲都可以找到。

种植收获物的用途

耳鼻喉科专属

插图显示的是秋天，在一棵橡树的树荫下，一个采摘者采集着这株铁角蕨的叶，用于制作药物以应对下一轮冬季的寒潮。这些蕨叶可制成冲剂或糖浆，由于蕨叶具有祛痰和开胃的功效，在古代就早有应用。它们也被用于治疗哮喘和失声，以及减少感冒时鼻腔的分泌物。据 19 世纪的医生记载，与其他种类的铁角蕨相比，深山铁角蕨的价值被简化了。

特殊的收藏家

这是一种很难找到的蕨类植物，只有少数苗木收藏家会拿来售卖。这一植物会形成一簇直立、坚实、小巧的三角形常青叶。特别是在冬天，这些叶子会在石子地上呈现出极佳的效果。铁角蕨喜欢生长在半阴、排水良好、弱酸性的新鲜土壤中，比如长在斜坡高处树木下的土壤。

泽泻铁角蕨

Asplenium hemionitis L.

植物学描述

巨大而优雅

泽泻铁角蕨是铁角蕨科（类深山铁角蕨和欧洲对开蕨）多年生常绿草本植物。这一植物高 10~50 厘米。叶柄长 25 厘米，呈浅棕色，无毛，与叶片等长。叶片坚实且呈亮绿色，较老的叶片呈心形，基部的叶片呈掌状和心形，叶片形状是这一物种最显著的特征。叶由 3~5 片裂片构成，中间部分最长，尺寸远超其他部分。孢子囊群为亮褐色，并沿着叶脉聚集在两侧长而窄的叶面上。孢子在 10 月至次年 6 月繁殖。

在墙上

“asplenium”源于希腊语“asplenon”，意为“医治脾脏的药”。这一植物的某些品种被古希腊人用于治疗脾脏疾病。这一蕨类植物喜欢在低海拔的非石灰质土地上生长，我们可以在阴暗和潮湿的地方、石头缝以及石子地上找到它。在法国的野生环境中没有它的身影，而欧洲著名的存在这一铁角蕨的野生环境位于西班牙埃斯特雷马杜拉和葡萄牙。在欧洲之外，这种漂亮的植物分布于马卡罗尼西亚（马德拉群岛、加那利群岛、亚速尔群岛）、阿尔及利亚和摩洛哥。

种植收获物的用途

遗迹中的植物

插图中古代废墟的景象会让人想起欧洲贵族青年从 16 世纪中期开始在意大利进行的远途旅行。3 个人似乎都专注于各自的研究主题：坐在废墟石头上的人画着古代城市的遗迹，站在中间的人观察着高大的植物，另一个似乎在对着残垣断壁上的泽泻铁角蕨沉思。

皇家医生的认可

亨利二世、三世和四世的医生让・德・勒努写了一些关于泽泻铁角蕨的文字。他认为这一植物名称的起源意味着它具有收敛脾脏的功效。他这样描述这一植物的茎：“茎上会长出丰富的叶。叶厚，质粗，形长，很像上表面光滑而下表面粗糙的鹿舌。泽泻铁角蕨的表面布有铁锈色的纹路，不仅可以治疗脾脏梗阻、硬化和肿块，也可以治疗很多肝脏疾病。”由于泽泻铁角蕨并不被视作装饰类植物，因此它只被种植在植物园中。

欧洲对开蕨

Asplenium scolopendrium L.

植物学描述

常绿

欧洲对开蕨是铁角蕨科（类深山铁角蕨和泽泻铁角蕨）多年生常绿植物，根部粗厚且发达。叶长达50 厘米，呈直立或下垂状。叶长而窄，基部呈心形（叶柄和叶片连接处两边的叶垂都不同）。叶柄呈叠瓦状，短，下部呈黑褐色。叶片有时僵直，甚至在边缘处有不同的裂口。孢子囊群狭长，比叶轴更斜一些。叶片会在春天长出，但孢子繁殖在夏季开始。叶子全年常绿，只在春天换叶时会干枯。

有趣的蜈蚣!

“scolopendre”源于希腊语“scolopendra”，意为“蜈蚣”。这个词会让人联想到这一植物狭长的孢子囊群，正好形似蜈蚣。这一优雅的蕨类植物外形与在湿润热带雨林中生长的、有“鸟巢”之称的铁角蕨类似，为它的生境带来了某种异国情调。它喜欢非酸性土壤和湿润的空气，尤其喜欢北方林下灌木丛覆盖的山坡或河滩，甚至会生长在水井里。这一物种在法国以及欧洲的低海拔地区很常见。

种植收获物的用途

仍然有效

这种蕨类植物长在海角的背阴处，且拥有多种药用价值。博物学家乔治・居维叶（Georges Cuvier）和迪奥斯科里德斯曾推荐用这种植物熬水可治疗痢疾和蛇咬伤。此外，它的开胃功效能改善消化系统，人们还认为它可以粉碎尿路结石，减轻风湿发作的痛苦，还可使支气管更加通畅。从欧洲对开蕨中提取的药物的主要有效成分——原黄酮（proto-flavonoïdes）成为抗癌研究的对象。

绝不模棱两可

欧洲对开蕨很容易辨认，且在整个法国都有分布，在我家当然也会有它的身影。它喜欢阴影下的旧墙，也喜欢科坦登半岛的天空和雨量（非常著名），还喜欢生长在被湿气笼罩的树干上。我甚至可以在水井中找到它。在花园中，可将它种在半阴、潮湿、含石灰质和腐殖质的凉爽薄土中。它可耐受 -15℃的低温。

铁角蕨

Asplenium trichomanes L.

植物学描述

对抗干枯的策略

铁角蕨是铁角蕨科多年生常绿植物。叶长 10~20 厘米，甚至可达 35 厘米，呈直立或下垂的簇状。叶柄和叶轴呈亮褐色。叶片为羽状复叶，边缘有锯齿。孢子囊群呈线形分布，生长期随着当地气候的变化而变化。叶片四季常绿，在干枯期可能略微卷曲，但只要下雨，它们很快就会恢复原样。

伟大的旅行者

“asplenium”来自希腊语“asplenon”，意为“医治脾脏的药”。这一植物的某些品种在历史上曾用来治疗脾脏疾病。形容词“trichomanes”来源于希腊语“thrix”（头发），指其叶柄和叶轴轻盈如发丝。在方言中，铁角蕨被称为“毛细血管”，背后都是同样的逻辑。这一植物很常见，分布很广泛，在世界上所有气候适宜的地方都有它的身影，从海平面到海拔 2000 米都有分布，可以说它是一个“世界主义者”。我们经常可以在阿尔卑斯山下的老墙和岩石上找到它，它的生长环境通常是阴暗的，但有时也会接触阳光。如今人们已经发现了这一植物的 6 个亚种。

种植收获物的用途

防脱发的药物

同铁角蕨属的其他种一样，铁角蕨在古代被用于治疗脾脏疾病，同时也被用于治疗肺部疾病、黄疸和水肿。它在迪奥斯科里德斯所在的时代很有名，人们认为它可以生发，使头发变得浓密。这就是它的希腊语名字“trichomanes”（珍贵的头发）的由来。

石子地上的小奇迹

作为阴暗环境的爱好者，它既能适应石灰质土壤，又能适应酸性土壤，只要这些地方排水良好且含腐殖质，它便能存活。如果将铁角蕨种在石子地上，它的垫状外观上会点缀窄小的常青叶，这些叶片呈亮绿色，但亮黑色的叶脉让叶片的颜色看上去更深。

颠茄

Atropa belladona L.

植物学描述

死亡的芳香

颠茄是茄科（类酸浆或龙葵）多年生草本植物，呈绿色，气味浓烈且难闻，并被细短柔毛。根茎为新芽的生长提供了基础。茎干高达 100 厘米，直立，多分枝，顶部被腺毛所覆盖。上部的叶两两相连，大小不一，叶柄比叶片短，叶片整体或部分略弯曲，末端渐尖。花单生（很少成对排列），呈鲜红色，有时带浅褐色，有腋芽，呈下垂状，花期 6—8 月。花萼由 5 片在自身 1/3 处两两结合的萼片构成，花冠呈筒状，长 20~30 毫米。花萼和花冠被少许柔毛。果实为小球形的两室浆果，呈亮黑色。花萼在果实成熟时膨大，裂片向外开展，呈星芒状。

毒药事件

“atropa”来源于希腊语“atropos”。在古代神话中，这是三位命运女神的名字，她们斩断生命之线就可决定生死。误食颠茄以及它毒性很强的浆果可致人死亡。它通常生长在石灰质土壤、潮湿的树林、多石地区、野地以及树篱中，且很少能在海拔 1200 米以上的地区生长。它在整个法国都有分布，各个地区都比较常见。在世界范围内，颠茄在英国、中欧、东欧、西欧、东南亚以及北非均有分布。

种植收获物的用途

美丽的下毒者

自古以来，一些医生注意到如果将颠茄的叶子用于眼睑，会引起失明。另一些医生则尝试用它做成膏药治病，但并未成功，最后那些受试者都会患上坏疽，甚至瘫痪。据记载，在 9 世纪，丹麦侵略苏格兰，苏格兰人在敌人的饮料中混入颠茄浆果的汁液，随后这些敌人会昏死，然后被杀死。在文艺复兴时期，意大利的药剂师已经有掌控这一植物的强大实力，他们在一种眼药水的配方中添加微量的颠茄成分。这种眼药水受到意大利爱美女士的高度评价，因为它可以使她们的眼睛闪闪发光。由于颠茄的危险性，它逐渐被抛弃，只有植物疗法会用它的干叶来制药。

在花园里?

我非常不推荐这一植物，一是因为它的毒性给儿童和家养动物带来危险；二是因为它的浆果有很强的诱惑力。有一些园艺师欣赏它舒展的外表、在夏季开放的紫色钟状花、紧凑的绿叶和强大的抗寒性。至于果实，最好是扔掉，这也是一个很好的将这种植物从花园中驱逐出去的理由！

雏菊

Bellis perennis L.

植物学描述

马拉松式开放

雏菊是菊科多年生草本植物，根部厚实，根上萌芽，能够促进无性繁殖。茎干有花，高 4~20 厘米。叶通常呈莲座状，边缘呈锯齿状，通常有茸毛。叶片呈椭圆形，基部渐狭成柄，中间的叶脉是唯一明显可见的。花聚集在头状花序之中，花序由白色、浅红间白色或红紫色的舌状小花组成，中间管状小花呈黄色。花序单生，长在每一茎干的顶端，直径为 18~22 毫米。花期在 3—11 月，有时会推迟到冬季。果实为小瘦果，在花序中间的瘦果无毛或略微有毛，而在外部的瘦果则有毛。

白天开放，夜晚闭合

“bellis”来源于拉丁语“bella”，意为“美丽”。雏菊几乎全年都会开花，但复活节时生长发育到达顶峰，它的俗名“pâquerette”（意为“复活节”）便来源于此。它因随着昼夜节律开放和闭合而为人熟知，常见于牧场、草坪、陡坡、高海拔树林中，在平原上比较少见。它在某些地方生长得非常繁盛，常见于除最北部地区以外的欧洲、西亚、北非及马德拉岛。

种植收获物的用途

被不公平地忽视了

当傍晚的天空变成粉红色的时候，雏菊的花朵逐渐闭合，一只金凤蝶在花冠中采蜜。一位跪在草丛中的女士一直在忙着采摘雏菊，并装满她的袋子，而另一旁的人正准备离去。马蒂奥利列了一张说明雏菊价值的清单，从中我们可以看到它能治疗淋巴结结核、胸部伤口、坐骨神经痛以及瘫痪。至于雏菊的叶，马蒂奥利建议用来咀嚼以消除口腔内壁和舌头上的脓包，或碾碎以治疗生殖器炎症。1819 年，医学博士德隆尚注意到医生已经对雏菊失去了兴趣：“它曾经被建议用于治疗许多疾病，现在它已经不能引起医生的兴趣，并且大部分医生都不再认识它，仅仅把它当作漂亮的花朵，但他们并不质疑过去的人们曾把雏菊看作治疗淋巴结结核、痛风、肠绞痛、胸膜炎、肝炎、水肿、内脏梗阻以及肺结核的有效药物。”两个世纪以后，雏菊又被应用于植物疗法之中，特制成细颗粒用于消炎、镇痛还有治疗所有类型的外伤。

雏菊，回归！

它模糊了我的花园和树林之间的界限。它喜欢生长在草原上，特别是有牛羊或马经过的植物低矮的地方。一旦其他植物生长并变高，雏菊就会因缺乏阳光而枯萎。于我而言，我可以已经修剪且长有雏菊的空旷草地和没有雏菊但长有较高植物的草地之间做出选择。雏菊喜欢阳光和肥沃而潮湿的土壤，在 2 月开花，花期一直持续到第一场霜降。刚长出来的雏菊花朵可以做成沙拉，花蕾可以浸泡于醋中。

绮莲花 / 红色百金花

Blackstonia perfoliata (L.) Huds. / *Centaurium erythraea* Rafn.

植物学描述

特别的重金属摇滚歌手以及拉斯特法里派（rastas）

这两株植物都属于龙胆科（类深黄花龙胆）。

绮莲花：一年生草本植物，主根发达，茎直立，呈明显的青绿色，高 10~80 厘米。底部的叶排列成莲座状，而上部的叶拥有相互结合的基部，并环绕在茎干周围，我们可以称之为贯穿叶。花为聚伞花序，呈亮丽的黄色或黄白色。花萼由 8~10 片萼片构成，这些萼片一直到末端都呈分裂状。花冠较长，通常由 8 片花瓣构成。花期在 6—10 月。果实为卵球形蒴果。

红色百金花：一年生或二年生草本植物，鲜有多年生。茎高 10~60 厘米。叶片呈椭圆形，宽度不均，茎干中间部分的叶片通常有一个呈钝角的尖。花色为亮玫红色，鲜有白色，直径为 12~18 毫米。花期在 6—9 月，且只有在气温升高时才会开花。果实为长蒴果，长度甚至超过花萼。

半人马喀戎（Chiron）发明了医学

从前，绮莲花名为“chlora”（喀罗拉），这一名称是受到了希腊语“chloros”的启发，该词义为“黄绿色”，以指其花朵的颜色以及茎和叶的青绿色。这一植物喜欢在海拔 700~800 米的石灰质土壤上生长。在法国到处都有它的身影，特别是在南部和西南部，北部较少。同样，它在欧洲遍地都是，特别是在南欧和西欧，但在北方地区从未出现。绮莲花通常散布在树林、草地、水边和沙地中。

红色百金花学名中的“centaurium”来源于希腊语“kentauirion”，是一种献给半人马来喀戎的药用植物的名称，他培养了医学之神阿斯克勒庇俄斯（Asclépios）。这一绽放优雅花朵的植物分布在林中空地、小路或其他开阔环境中，例如草地。在法国，它在海拔 700 米以下的地区都有生长。它在整个欧洲、西亚、西南亚和北非也有分布，也能适应北美的环境。

种植收获物的用途

两株创造天使的植物?

从古代到 18 世纪，绮莲花在冥冥之中注定被用于制作治疗黄疸的药物，因为它的颜色是黄色的。在尚未得知这一植物有诱发流产的作用时，医生、植物学家雅克・达勒尚指出，用它的根部做成饮料，或直接敷在肚子上，能够促进月经通畅和分娩，但同时会在婴儿出生时致其死亡，这一功效与红色百金花的汁液相同。在同一时代，马蒂奥利建议用浸在酒中或制成粉末的绮莲花根疏通肝部阻塞。达勒尚指出，罗马人为红色百金花取了个绰号叫“地之苦”，因为它的根部具有强烈的苦味。红色百金花已被列入植物疗法的药方之中，以刺激食欲，促进消化，还可以在人们极度疲劳时给予能量。

42 39

紫草

Buglossoides purpurocaerulea (L.) I. M. Johnst.

植物学描述

从红色到蓝色

紫草是紫草科（类勿忘草或药用肺草）多年生草本植物。茎干高 25~60 厘米，有花，植株纤细，叶多，有毛；没有花的根茎平卧，很容易压条，因此生长层次分明。上部叶片为深绿色，下部为白绿色，只有主叶脉明显凸出。叶表面被短而硬的细毛所覆盖。中部和上部的叶无柄，长椭圆形的叶片在其基部逐渐收窄；下部的叶要更小，且有叶柄。花比叶大，在变成蓝色之前呈鲜红色或紫红色。花聚集为紧凑的总状花序，花期在 4—6 月，期间花轴会逐渐变长。花柄都很短，花萼有毛，萼片长而尖。果实为白色的光滑瘦果，呈小球状，质硬。

牛舌

“buglossoides”在拉丁语中意为“像牛舌草的”。药用牛舌草（*Anchusa officinalis* L.）和紫草同属一科。紫草的名字“buglosse” 源于拉丁语“buglossa”，这一词语又源于希腊语，意为“牛舌”，因为其叶形似牛舌。紫草喜欢生长在阴凉的地方，比如树林、灌木和树篱中，特别喜欢石灰质土壤，但并不排斥其他土质。在法国，它可以在海拔高达 700 米的地方生存。紫草同时也在东欧、中欧、南欧以及西南亚有分布。

种植收获物的用途

珍珠般的种子

1566 年，马蒂奥利称这一植物为“小紫草”，我们在整个意大利都可以看到这个名称。他指出，女人都用它质地坚硬、形似珍珠的种子来做念珠。普林尼建议，人们可以配合药蕨、琥珀、车前草汁的混合液吞下它的种子以治疗淋病。据说把种子混到母乳中，可以缓解难产。直到 17 世纪，人们都会将其种子和白葡萄酒一起服用，以促进排尿和粉碎结石。后来，研究人员观察到紫草的种子和叶在意大利常被制成汤剂用于治疗肝病，经研究后发现这些功效都要归功于数种抗氧化成分的存在。

野生花园

这一大小适宜（高 50 厘米）的美丽的多年生植物在自然花园中占有一席之地。根据地区不同，它会在春季或夏季开花，花的颜色会由紫色变为龙胆蓝。可以在秋天甚至春天将紫草种植在排水良好、肥沃、中性或弱碱性、阳光充足或半阴的土地上。它的适应性也很强（可耐受 –15℃的低温），可以完美生长在群山或石子堆上。它的生长相当缓慢，由于长长的枝条在生长期间会逐渐扎根，它最终会长成优秀的地被。

肾叶打碗花

Calystegia soldanella (L.) R. Br.

植物学描述

大地之花

肾叶打碗花是旋花科（类牵牛花或番薯）多年生草本植物，无毛，根茎细长，其上布满了可以长出新茎干的不定芽。茎干蔓生，但从不缠绕，高 10~60 厘米。叶片小而厚，叶柄长，叶呈肾形，边缘弯曲，两侧的圆扇点缀着基部。花呈粉色，较大（长 4~5 厘米），单生于叶腋，并由大花柄支撑。两片椭圆形的叶状苞片覆盖花萼，花萼则由椭圆形的萼片构成。合瓣花冠会在炎热且阳光明媚的时候开放，在阴凉而黑暗的时候闭合。花期在 5—10 月。果实为卵球形蒴果。

它看到了大海在跳舞

"calystegia" 源于希腊语 "kalix" 和 "stego"，分别指"花的包裹物"（即花冠）和"覆盖"，表示覆盖着花冠的大苞片。这一植物不在高海拔地区生长，我们总是可以在海边看到它生长繁茂的景象。这一植物可以在芒什省、大西洋长滩以及地中海地区找到。在世界范围内，这一植物在西南亚、北非、北美、南美、新西兰和澳大利亚都有分布。

种植收获物的用途

奇怪的卷心菜

插图将肾叶打碗花置于海边沙地中。当火光闪耀在坐落于小湾尽头的热那亚塔上时，几艘船渐渐驶离海岸，也许是前去抵御入侵之敌。在海岸前方，两队人准备将小渔船的渔网拖上岸。肾叶打碗花在很长时间里都被人们称作"海甘蓝"（chou marin），即一种变异品种，因为很难在菜园中找到与它相似的物种。马蒂奥利认为它的根具有治疗水潴留的功能，他建议将其制成煎剂并和大黄一起服用。雅克・达勒尚在 1586 年指出，一些草药师称其为海甘蓝，但药剂师则会将其命名为"索尔丹那"（Soldana）。他还指出，从叶中提取的如牛奶般的白色汁液要和肥肉一起煮，以减少食用时的刺激性。1727 年，尼古拉・莱梅里提及了它催泻和治疗坏血病的功效。自 19 世纪以来，肾叶打碗花就彻底消失在药学的视野中。

美丽的表亲

今天，与滨海刺芹、海大戟一样，肾叶打碗花因其广泛延展的根部而加入了固沙植物的行列。它不适宜栽在花园中，但可以由它的亚洲表亲——打碗花（*Calystegia hederacea*），尤其是"皮莱诺"（Flore Pleno）这一品种所替代。这一巨大的蔓生植物（高约 4 米）以各式各样的形态生长，且在 6 月和 9 月会开出迷人的粉色花朵。它的耐寒性极强（能耐受 –15℃的低温），且喜欢阳光充沛或半阴的环境，以及凉爽的轻壤土。如不遇霜冻，它一年四季都可以长在花园中。冬天它会完全消失，但到了春天就会发出新芽。

156.
150

荠菜

Capsella bursa-pastoris (L.) Medik.

植物学描述

和甘蓝同属一科

荠菜是十字花科（类甘蓝和银扇草）一年生或二年生草本植物，根茎发达。茎干直立，单生或分枝，截面呈圆形，有少许毛，高 20~50 厘米。基部的叶呈莲座状分布，比上部的叶更大，通常有非常深的裂，极少有锯齿，在特殊情况下有全缘叶。上部的叶少有裂，互生，抱茎。花为白色，与整株植物相比，花的体积很小，聚集在顶端的花序中。花瓣通常比萼片长 2 倍，但有时不存在或比萼片短。果实为扁平短角果，轮廓为心形和三角形，位于果序下部的果实经常会夭折。

我的珠宝匣!

“capsella”是一个拉丁语词，意为“小匣子”，此名与这一植物的果实形状有关。这一植物在田野、瓦砾、路边和墙边都有生长，也能在海拔高达 2300 米的地方生长。这一植物常见于法国，也同样遍布在世界上的其他地方。

种植收获物的用途

可以止血的植物

插图中残缺的栅栏显示这是一座弃置的花园，已是一片废墟，种种迹象表明荠菜喜欢在荒地里生长。在古代的希腊人和罗马人就已使用荠菜，直到 16 世纪依旧流行。因具有多种药用价值，它在旱地植物中是最著名的一种。用它的熬煮液制成饮料，可以治疗内出血和痢疾；将其用于制作膏药可以促进伤口的愈合；将其汁液敷于伤口，可以止血以及促进组织再生。1868 年，弗朗索瓦 · 约瑟夫 · 卡桑（François Joseph Cazin）指出荠菜只有幼苗可取用，因此必须在开花之前就将其收割。体质虚弱的妇女服用荠菜熬成的汤剂可以减少月经量。在植物疗法和顺势疗法中，我们依旧在利用它的这些功效。

野生沙拉

在冬末就可以收割荠菜的嫩叶，用来拌沙拉或焖煮。荠菜在夏初时长出的种子可以代替胡椒。

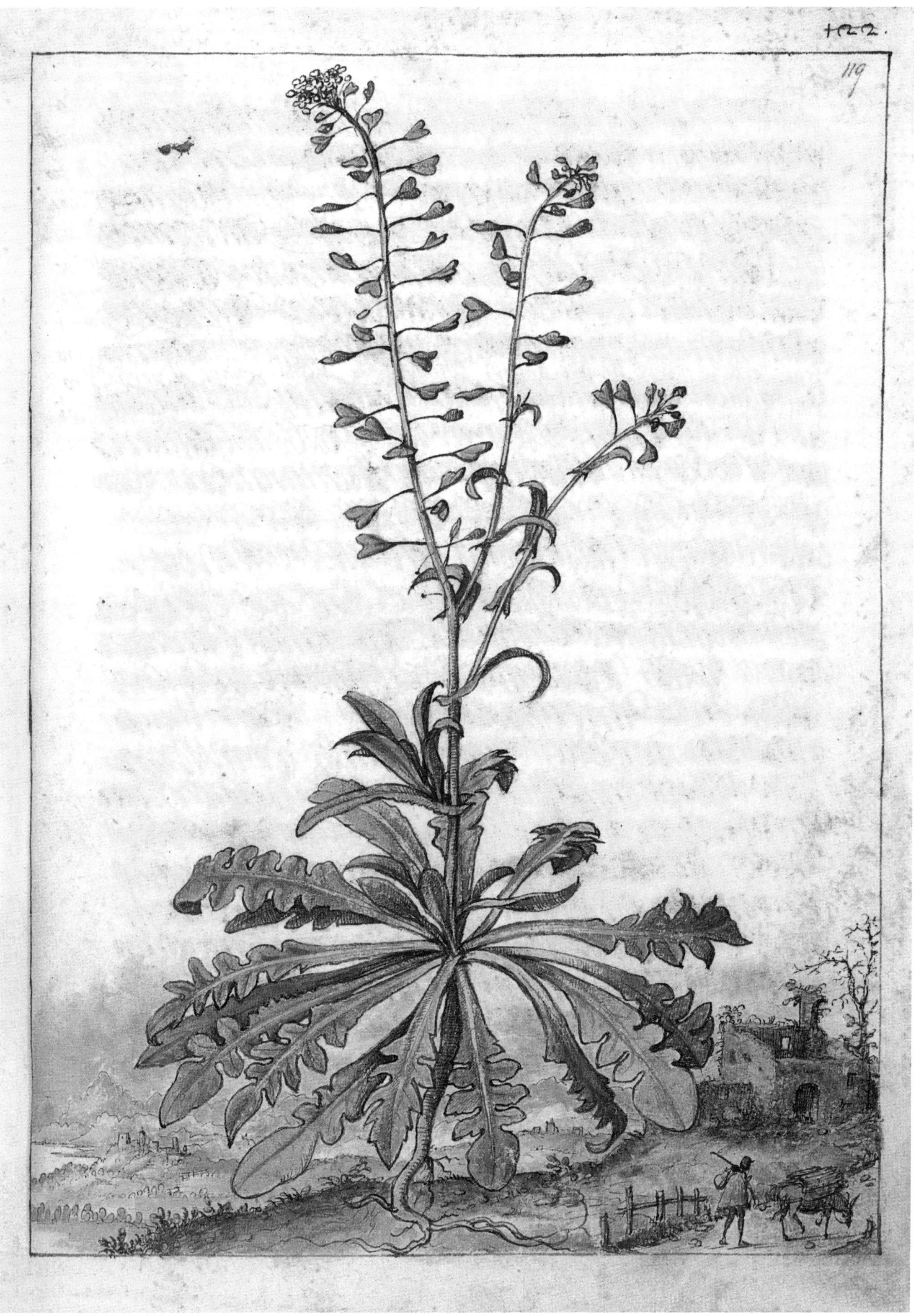

七叶碎米荠

Cardamine heptaphylla (Vill.) O.E.Schulz

植物学描述

大型花

七叶碎米荠是十字花科（类银扇草和家独行菜）多年生草本植物，根茎短粗，其上为茎干，有一些短小的圆形鳞片。茎干高 30~60 厘米，数量不多。当植物开花时，叶通常集中于茎干上部到花序以下的位置，不生珠芽，有羽状复叶，每叶有 5~9 片小叶，其中一片位于末端（奇数羽状复叶）。小叶为长椭圆形，有尖，边缘有锯齿，这些小叶在叶轴两侧左右对称。花很大，呈倒卵形，玫红色或白色，并在顶端聚成花序。花瓣有 4 瓣，呈倒卵形，比萼筒要长 3 倍。

美丽而珍贵

“cardamine”源于希腊语词“cardamon”，意为“豆蔻”。这种植物并不常见，但装饰性很强，能在海拔高达 1600 米的山区森林中生存，且尤其喜欢略阴暗的地方。它在法国南部、北部和西部很少见，但在其他很多地区都能见到。它也分布于西班牙、欧洲中部和意大利。

种植收获物的用途

真的很稀有！

1815 年，肖默东指出，七叶碎米荠很少出现在医生的药方中。一些医生主张用它的花来缓解痛风；另一些医生则建议把这些花磨成粉，用于抗痉挛。英国的医生似乎更加肯定七叶碎米荠的药用价值，认为可以用它治疗癔症、哮喘……后来，似乎只有草甸碎米荠（*Cardamine pratensis*）被植物疗法和顺势疗法采用。

127 130

矢车菊

Centaurea cyanus L.

植物学描述

蓝，的确很蓝

矢车菊是菊科（类细毛菊或雏菊）一年生或二年生草本植物，具有发达的主根和许多小根。茎干高25~80厘米，细长，分枝。叶为纯绿色或白色，无下延，基部的叶有叶柄，边缘有分裂。上部的叶无柄，呈线形，很窄。花呈蓝色（很少有白色或粉色），为头状花序。总苞由淡绿色的苞片构成，外部覆盖细毛，轮廓边缘为薄膜质，呈褐色或白色，且在其顶端有扁平的银色纤毛。花期在5—7月，在高海拔地区则可能推迟到8月。果实为瘦果。冠毛为橙红色，长度和果实相当。

半人马喀戎的植物

“centaurea”源于希腊语“centaureios”，意为“半人马喀戎的植物”，传说正是喀戎发现了这一植物的特性。矢车菊原产于意大利东部和南部，几个世纪以来，它都零星分布在北部的花卉中。矢车菊拥有与谷物伴生的特性（野生植物在田地中与谷物伴生，其种子会在谷物收获期得到传播），且在高海拔的田地中生存。

种植收获物的用途

收获之花

此时是夏季。一群农民沿着长长的麦田排开，准备收割。他们中的一些人欣喜地将矢车菊的茎干带给药剂师。同大多数植物一样，矢车菊也能入药，但它的药用价值并没有得到承认。人们曾认为它有轻度解热、开胃、利尿、抗癫痫和滋补等作用，然而很快它就被完全抛弃了。从它的花朵中蒸馏得到的水在18世纪享有盛名，被称为“眼镜之水”（eau de casse–lunettes），可以治疗眼疾，却也无法让它摆脱被遗忘的命运。但20世纪以来，矢车菊因“矢车菊之水”（Eau de bleuet）的名声在植物疗法和眼病治疗中又再次流行起来。

童年的回忆

记得我曾在成熟的麦田中看到很多矢车菊，也许我重新翻土并播撒麦种还促成了它的出现。但随着杀虫剂的广泛使用，它几乎从麦田中消失了。所幸，我在一片长满花的休耕地中找到了一些它的园艺品种。在花园里的其他矢车菊品种中，我喜欢蓝色的山矢车菊（*Centaurea montana*）。我会在春天或秋天的时候栽种它们。它会长得到处都是，很难被限制在花坛中，因此我把它当作地被植物种在排水良好、土壤新鲜的斜坡上，让它长成一片地被。它的耐寒性很强（可耐受 –20℃的低温），且喜欢阳光充沛或半阴的环境，在5—8月开花。

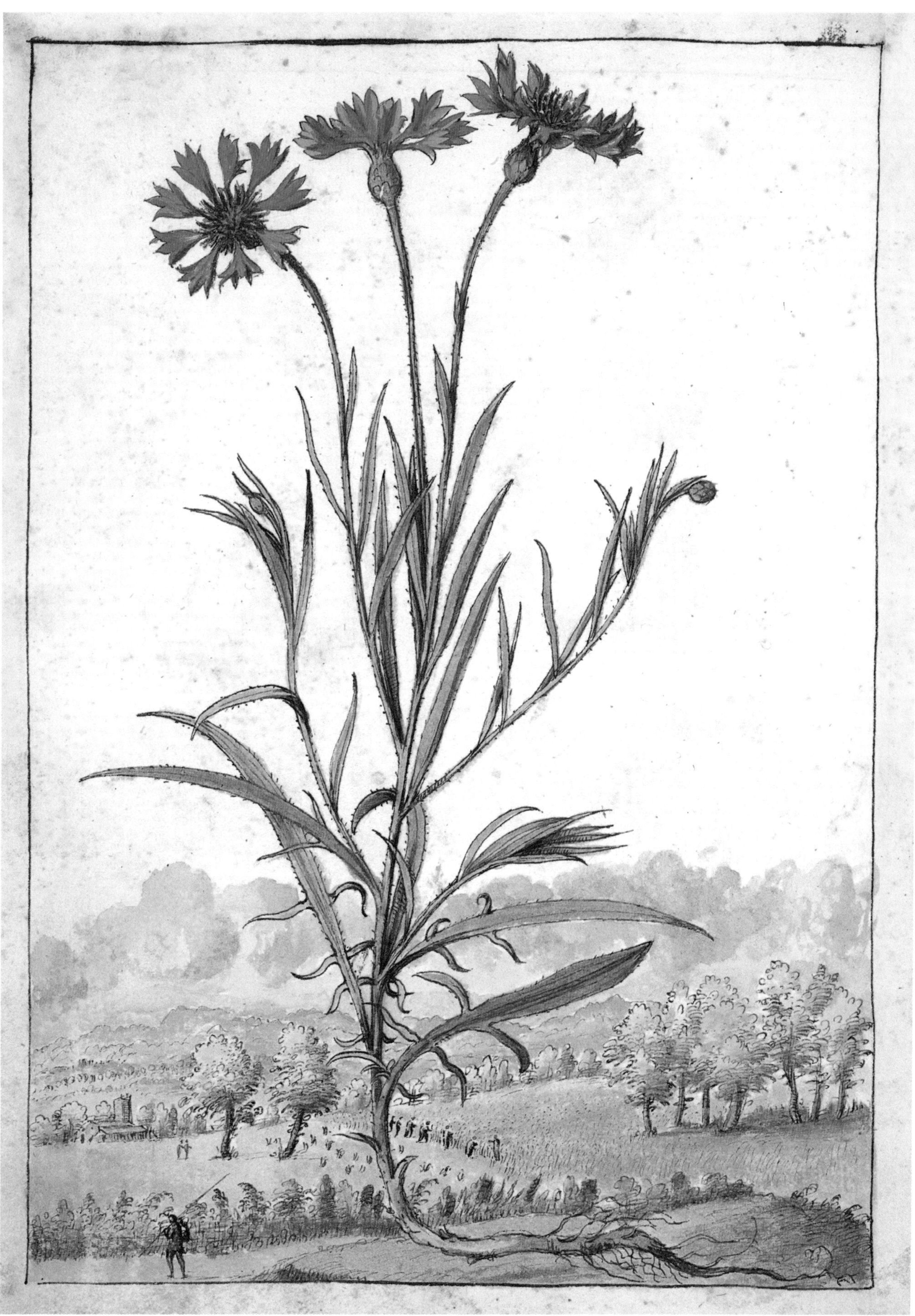

药蕨

Ceterach officinarum Willd.

植物学描述

银光闪闪的青春

药蕨是铁角蕨科（类欧洲对开蕨和泽泻铁角蕨）多年生常绿植物，根部宽厚而坚实。叶长 5~15 厘米，呈铺展状，羽状叶宽厚且结构简单（仅有一回分裂）。叶柄有鳞且短，叶轴呈白绿色。裂片呈圆形，互生，并和整条叶轴相连。叶片无毛，呈绿色，幼时的叶片表面覆盖银色薄膜质小鳞片，老时鳞片变为红褐色。孢子囊群呈线形，分布散乱，囊群盖不育。叶子在春天长出，孢子受当地的气候影响会在春天或夏天生长。

幸存的鳞片

“ceterach”和这一植物的阿拉伯语名称有关。这一蕨类植物喜欢温和偏热的气候，因此它在欧洲的地中海地区、北非地区以及亚洲很常见。这一植物展现出的某种再生能力令人称奇，在一段很长的干枯期内，药蕨的叶会脱水、卷曲，并一直保持这种状态，减缓生长发育速度。在这一时期，它们被很多叶片下部的鳞片保护着。当气候湿润时，叶片会吸水并重新焕发生机。正是这些特性，使得它可以在太阳暴晒的岩石缝中生存。其他的蕨类植物也有相似的特性。这一植物喜欢在构成其生存环境的岩石区生长，石墙的应用大大增加了这一物种出现的概率。

种植收获物的用途

效率不高，但没什么大风险

这一植物既可以在暴晒的岩石上生长，又可以在树荫下生长。就在这棵树下，草药师正在采挖药蕨。这一蕨类植物是制作药汤所需的一味药，这种药汤可以治疗脾脏疾病、肾结石以及肾绞痛。马蒂奥利甚至认为，用叶子上的孢子制成的金色粉末可以缓解淋病。从 19 世纪开始，药蕨的这些用途都被弃用了。

喜爱太阳的蕨类植物

它生长在花园里阳光充足或半阴的墙壁和石头上。死水是它的敌人。它的适应性很强，一点也不惧怕干燥的时节，只要下雨，它就可以重现生机。它被推荐给那些专门种植蕨类植物的苗圃商，因为它相当有市场。

白屈菜

Chelidonium majus L.

植物学描述

在黄色特征之下

白屈菜是罂粟科（类虞美人和罂粟）多年生草本植物，具有长长的网状根部。茎干直立，多分枝，有毛，高20~80厘米。叶片羽状深裂，有5~7片裂片，每片都为椭圆形，背面有白粉。叶如同其他各个部位一样，会流出黄色或橘黄色的汁液，这些汁液与空气接触后颜色会加深。黄色的花聚为紧凑的簇，通常2朵1组，最多7朵1组，呈简单的伞状花序。萼片呈淡黄色或绿黄色，花瓣经常被卷在蓓蕾之中。花期在4—10月。果实为线状蒴果，无毛，表皮有时由于内部种子的生长而凹凸不平，并且长度通常不超过4厘米。在蒴果中，种子分布为2排。

如同燕子带来春天

这种植物的名字“chelidonium”源自希腊语词“chelidôn”，燕子在欧洲停留的季节便是它开花的时节。白屈菜喜欢生长在老墙、瓦砾、树篱、小路和田野边，而非高海拔地区。它在地中海地区比较稀有，甚至根本不存在，但在法国很常见。我们可以在欧洲所有地方（除了北方地区）、亚速尔群岛、高加索地区、马德拉群岛、亚洲、北非以及北美（它的引进地）看到它的身影。

种植收获物的用途

眼前的药材

在插图中，两个人正在采摘，其中一人的肩上背着一大捆植物，手上拿着伙伴挖出的白屈菜。白屈菜在迪奥斯科里德斯所在的时代就因其汁液和黄色的花而受到追捧，据说可以治疗黄疸。1815年，就连肖默东这种对植物入药持批判态度的人，也对白屈菜被人们遗忘而感到遗憾。他指出，人们在日常生活中确有成功使用这一植物去除鸡眼、疣子和老茧的经验，这一方子至今仍在乡村地区使用。

白屈菜来自树林，在我家的花园中也占有一席之地。夏天，它的枝头长满了黄色的伞状花朵。它的适应性极强（可耐受 –25℃的低温），因此在野生花朵园林中也不曾缺席。它适生于林下灌木丛中，为了避免它生长泛滥，我会趁它未结出种子将它修剪一遍。

秋水仙

Colchicum autumnale L.

植物学描述

不可思议的传播

秋水仙是秋水仙科（在法国只有秋水仙属这一科）的多年生球茎植物，高 10~40 厘米。球茎的大小和核桃相当，其外层为深色，略带黑色。叶在春天长出，数量较少，直立，长 10~40 厘米，宽 2~4 厘米。花独立存在，或每 2 朵或每 3 朵聚集成 1 组。每朵花都有 6 个部分：3 片萼片，3 片花瓣。花的中心聚集有 6 个雄蕊，很长，且萌生位置也很高。花柱的长度远超雄蕊，柱头弯曲成钩状。这一植物有惊人的成长规律，从球茎就可以看出。花朵由细长的圆柱形基部所支撑，这一基部衔接着一个更大更圆的球茎。春天时，叶会出现，周围依旧是去年秋天长出的花。果实成熟时，其隆起的部位储存了某种物质，这种物质会持续向逐渐长大的圆柱形基部转移，而这一隆起的部位将会枯萎。在新叶之下会长出新芽。新芽会形成一个圆柱形结构，并在秋天时开花。果实为隆起的蒴果。

一首诗

“colchicum”是秋水仙属的拉丁学名，它派生自希腊语“kolchis”，指一个名为科尔基斯的地方。根据迪奥斯科里德斯的描述，此地盛产秋水仙。这一植物在平原上很常见，但也可以在海拔高达 2000 米的地方找到它，但在地中海沿岸比较少见。这一植物富含秋水仙碱（一种可怕的有丝分裂抑制剂，可从秋水仙的球茎中提取），它传奇般的毒性启发了很多艺术家，比如纪尧姆·阿波利奈尔（Guillaume Apollinaire）的诗集《酒精》（*Alcools*）中就有名为《秋水仙》（*Colchiques*）的诗歌：

秋天的草原有毒，却很美

牛群经过

悠然却懵懂地中了毒

秋水仙盛开

它丁香般的淡紫色

和黑眼圈似的青痕

一如你的眼睛

种植收获物的用途

从一个季节到下一个季节

在前一张插图中，背对着我们的草药师手中拿着一株他刚刚从放羊的草地上拔出来的秋水仙。一条小河在离他不远处流淌，暗示着这片草原很湿润。这样如田园牧歌般的景象发生在春天，在这一季节，秋水仙会长出叶和种子。第二张插图展现了秋水仙的成长过程，它要等到秋天才会开花，左侧展示的是它开花之后的样貌，图中的秋水仙正在为来年春天长出新叶做准备。

珍贵的球茎

将秋水仙的球茎晒干并捣碎，会得到一种强劲的泻药，这种药还可以清除关节积液。自古以来，它的球茎就被用于缓解痛风和风湿病。在中世纪，有些人会带着球茎制成的护身符，以预防鼠疫和其他传染病。还有一些人建议用它来治疗痔疮或去除病人身上危险的阴虱，然而从球茎中提取出的粉末毒性很强。有一个更常见也更成功的用法，即用球茎的煎剂去除疣子。如今，秋水仙碱被列入治疗脚趾痛风、食物味道引发的孕期恶心、胃积气的药方之中。在植物生物学领域，可用秋水仙素浸润种子以诱导染色体数目加倍。经过这样处理的植物可以生长得更快，也能长出更多的叶片。

总是令人惊奇

我将秋水仙种植在禁止进入的花园中，这是一座清新而湿润的花园。除春秋两季，这一花园通常不向外界开放。从 3 月起，观赏秋水仙正在生长的叶和果实总能带给人惊喜。仲夏时它们会因修剪而消失，但在秋天会再次开花，让人重获惊喜。

凹陷紫堇

Corydalis cava (L.) Schweigg. & Körte

植物学描述

块根“食品储藏室”

凹陷紫堇是罂粟科（类白屈菜和罂粟）多年生草本植物，空心的块根且储存了整年的营养物质。一个块根很快会得到另一个块根的支援，后者在前者的基部长出，并带有不定根，这一过程年复一年地重复着。茎高 6~30 厘米，从块根上长出，有 1~2 片青绿色、表面无鳞片的叶。叶片有 2~3 片深裂裂片，裂片为长椭圆形。总状花序顶生，直立成簇，全缘的椭圆苞片与 10~20 朵花混在一起，花呈紫红色、白色或杂色，上部花瓣的末端略弯曲。花期在 4—5 月。果实为蒴果，由长度仅为果实的 1/3 的花柄支撑。

像一只百灵鸟

“corydalis”源于希腊语“corydallos”，意为“百灵鸟”，因为紫堇花序的形状会让人想起百灵鸟的喙。这一较为珍稀的物种可以在法国东部的树篱和树林里找到。它分布于欧洲所有地区、西亚以及南亚。

种植收获物的用途

流泪是为了明目

一群燕子飞越钟楼，同时，在教堂下面，一片浓烟从吞没了陡峭山坡的火苗中升起，一些行人静静地往岩石的眼洞走去。这里有如此多的标志暗示着凹陷紫堇的使用价值。凹陷紫堇被马蒂奥利称为“球果紫堇”。迪奥斯科里德斯、普林尼和盖伦认为这一植物的汁液可以明目，也可以像烟一样催泪。马蒂奥利曾详细说明，凹陷紫堇在 3 月初（也就是在燕子回乡期间）发芽，然后花开到 5 月底，也就是收割的时节。

像羽毛一样轻

如插图所显示的那样，凹陷紫堇生长在小河边，这表示它喜欢生长在凉爽的土地之上。我特别喜欢它轻盈优雅的花朵，花色浓郁而微妙。这一林缘植物喜欢半阴的环境，通常扎根于排水良好、松软的深土中，这样它的根更容易生长。它的适应性很强（能耐受 –15℃的低温），并且能很快长成簇。3 月，我有幸得以看到稀有而小巧的堇叶延胡索（*Corydalis fumariifolia* subsp. *azurea*）绽放迷人的花朵。穆坪紫堇（*Corydalis flexuosa*‘China Blue’）同样是我最喜欢的植物之一，因为它的花是非常鲜艳的中国蓝，还有蓝绿色的叶片。它在 5—7 月（也就是进入休眠之前）盛放。

春黄菊

Cota tinctoria L. J. Gay

植物学描述

黄，是它的花朵

春黄菊是菊科（类千里光和欧洲千里光）多年生草本植物，有茸毛，根茎在上有很多新茎，可促进繁殖。茎高 30~60 厘米，直立。叶片羽状分裂，裂片呈长椭圆形，边缘有很多锯齿。叶轴在两个裂片之间，部分有尖刺，与各裂片在同一平面。上部叶片为绿色，基部叶片呈白色。叶柄短，基部有叶鞘。花聚为头状花序，管状花和舌状花都为黄色。每朵花都有片状苞片。花期在 6—8 月。果实为扁瘦果，成熟时为白色，4 个面从头到尾被 5 片薄翼瓣包裹着。成熟的果实无冠毛，但有膜状副花冠，有时副花冠很小。

黄，是它的色泽

“cota”是这一植物的拉丁语名。春黄菊在石丘和路边随处可见，尤其喜欢石灰质土壤。我们可以在海拔高达 1600 米的地区找到这一植物。春黄菊分布于法国的东部和东南部，在世界范围内，分布于中欧、西欧、南欧、西伯利亚以及西南亚。它也可以适应其他地方，例如北美。

种植收获物的用途

黄，是它的用途之一

春黄菊从未在医学领域有过多的应用，仅具备与罗马春白菊相同的功效，后者的花熬煮后服用，可以治疗发热、女性泌尿系统疾病，也可充当驱虫药。春黄菊的花展现出一种美丽的黄色，因此很多国家都用其制作给羊毛染色的颜料。

正好在阳光之下

我在家中的墙边种植了一株和春黄菊很相近的滨海春黄菊（*Anthemis maritima*），和后者一样，春黄菊是一种喜爱充足阳光的植物，它需要干燥、排水良好的土壤。4—10 月，它会长出一簇白色的、中央是柠檬黄色的花，在垫状的、带灰色茸毛的叶丛上散发着芳香。我会剪掉枯萎的花，以使它在夏末再一次绽放。春黄菊的适应性很强（可耐受 –15℃的低温），可以无需特殊照料，在最干燥的环境中生长。

海崖芹

Crithmum maritimum L.

植物学描述

抵挡风和潮汐

海崖芹是伞形科（类毒水芹或软雀花）多年生植物，肉质，呈青绿色，根茎覆盖膜质鳞片，在其下有可供根茎分枝的新芽。茎高 20~50 厘米，直立，从上部到下部都有条纹，略呈“之”字形。叶厚，一回或二回羽状复叶，裂片很长且中间比末端宽。花为绿白色，聚为伞状花序，有 10~20 条粗花梗以及很多苞片，花瓣全缘、内卷。花期在 7—10 月。果实为卵球形瘦果，呈海绵质，有 10 道突出的棱。

直面海盐和浪花

“crithmum”来源于希腊语“crethmon”，指一种在海滨地区生长的肥壮植物。海崖芹是法国诺曼底大区的芒什省、大西洋沿岸以及地中海沿岸最著名的海滨植物之一。这一植物多生长在时常被浪花冲刷的沙地、岩石或其他含高浓度海盐的基质上，这意味着它不会在其他环境中生长。它在西欧和南欧的海滨地区、小亚细亚半岛、塞浦路斯、北非、马德拉以及加那利群岛也有分布。

种植收获物的用途

海浪的秉性

这一场景发生在一个小海湾，有一个垂钓者在钓鱼，还有一个采摘者在采海崖芹。天空泛着晨光，湛蓝中透出微红色，在这美丽的夏日，海崖芹的伞状花序出现了。这一植物富含碘等微量元素以及矿物盐。从其伞状花序和瘦果中提取的油脂在芳香疗法中被用作驱虫药。它因滋补、净化、补水、紧肤的功效而被应用于美容行业，通常与其他植物配合使用。

特别的海边

在一些海滨地区，海崖芹因不断减少而受到保护，由专业的苗圃商出售。它很容易种植，干燥、缺乏养分的土壤和阳光就可以让其生长。它可以抵御 -20℃的寒冷，并非常适应干旱，既不害怕海潮，也不害怕盐碱。在 7—10 月，它开花之后，只需把开花的茎干剪掉，就可以避免枯萎。它的叶可以像菠菜那样烹饪，生食和煮食皆可；曾经在很长一段时间里，浸渍在醋中的叶和幼芽会充当海边居民的调味品。

番红花

Crocus sativus L.

植物学描述

盾牌般的叶子

番红花是鸢尾科（类鸢尾或唐菖蒲）多年生草本植物，鳞茎为球状，外被纤维交错的膜质鳞叶。该植物高 10~20 厘米，具短柔毛。花叶同期，叶片直立，狭窄，稍硬，边缘具纤毛。花为单生或双生，略带紫色，与整株植物相比尺寸较大，在萌发前被带有 2 个膜质苞片的鞘保护着。花被由 6 个部分构成，基部结合成细管，喉部为紫红色且被短柔毛。雌蕊的柱头颜色非常鲜艳，有香味，全缘，有时弯曲或呈锯齿状，且与花被等长。花期在 9—10 月。果实是蒴果。番红花是三倍体物种，因此不产生种子。

如此珍贵的花朵

“crocus”源于番红花的希腊语名称“crocos”。该物种原产于东方，曾在法国普遍种植，后来则属于半野生的状态，这一植物在萨瓦地区尤其多见。它同时也被世界上许多国家广泛种植。

种植收获物的用途

亲爱的球茎！

插图中描绘的两名农村妇女正忙于采摘番红花。在这本植物图集中，女性很少出现。之所以这里是例外，可能是因为采摘工作较为细致，由女性从事可避免损坏花朵及珍贵的柱头。从希波克拉底所在时代开始，番红花就被用来制作防治风湿的药膏。2 世纪时，盖伦建议将其作为消肿药物用于消除肿块或消炎。17 世纪初，让·德·勒努医生总结了番红花的特性：“它是大脑的搭档，因为它可以使内在的感官更加愉悦，也可以促进睡眠，振奋精神，同时还可以促进胃中的食物和其他物质的消化。总的来说，它对于所有知道如何谨慎使用它的人都非常有用。”番红花在厨房中也同样有名气。在法国，栽种这一植物的历史可以追溯到 14 世纪，而这要归功于波尔雪家族的一位绅士，他是第一个分发球茎的人。150 朵花才能产出 1 克番红花粉的事实，说明了其价格一直都高得令人望而却步的原因。

再生的番红花

我在 4 月将番红花的球茎种植在约 10 厘米深的地下。10 月，它们便长出芬芳的花朵，花呈紫色且带有黄色的雄蕊，特别是还有标志性的橙色柱头。采摘后经过风干，可以获得珍贵的番红花粉。它们需要充足的阳光和排水良好的土壤，能承受最低 –15℃的气温。在这个拥有数百个品种的庞大家族中，我选择了一些在秋天落叶时种植且在来年春天开花的番红花品种，其中最令我喜欢的品种是“贞德”（Jeanne d’Arc），它纯白色的花朵和淡紫色的条纹预示着冬天的结束。

平滑十字草

Cruciata laevipes Opiz

植物学描述

奇特的叶

平滑十字草是茜草科（类小粒咖啡）多年生草本植物，多毛，根茎细长且有分枝，可以保证活跃的无性繁殖。茎截面呈正方形，高 20~70 厘米，蔓生，倾斜或直立，有时会缠着其他植物向上攀缘。叶子无柄，4 片叶呈十字状轮生，但只有 2 片是真叶，另外 2 片是与真叶十分接近的托叶。叶片为浅绿色，呈椭圆形，稍弯曲，通常比节间短。花呈黄色，香气宜人，聚伞花序明显短于叶子。花梗具苞片，开花后卷曲，从而将果实藏在叶下。花冠由 4 个短的椭圆形花瓣构成。花期在 4—6 月。果实为光滑的瘦果。

穿过十字架

“cruciata”是拉丁语“cruciare”的过去分词形式，意为“用十字标记”，由“crux”（十字架）派生而来。平滑十字草喜欢树篱、树林、草地、凉爽的路堤和溪流边，但只限海拔低于 800 米的地方。除了北极地区、高加索地区、亚美尼亚和西伯利亚地区，它几乎在整个欧洲都有分布，但在地中海地区比较稀有。

种植收获物的用途

在克罗伊塞特的自画像

植物画家盖尔拉多・齐波在大自然中描绘平滑十字草的同时也把自己画了下来。在画中，他坐在橡树脚下的草坪上，摘下了自己栽种的植物，观察捕捉各种细节。平滑十字草被插在一个透明玻璃花瓶中，与视线齐平。这株植物已经开花，据此可以推测这一场景应该发生在 7 月。

抗应激

2 世纪时，盖伦建议使用平滑十字草黄色的花朵来治疗黄疸。1586 年，雅克・达勒尚称，很多医生认为其根和叶经煎煮后，可有效地遏制瘟疫蔓延。18 世纪，著名植物学家安托万・德・朱西厄（Antoine de Jussieu，1686—1758）提议使用这一植物治疗歇斯底里症。一个世纪后，奥古斯特・弗朗索瓦・乔梅尔（Auguste François Chomel，1788—1858）教授将其用于治疗癫痫。它也被用来治疗佝偻病，此外，现代医学还认识到了它有解痉和开胃的特性。在平滑十字草的众多用途中，凝乳这一用途的历史可以追溯到中世纪。它的根部亦可以用来喂养家禽，禽类食用后骨头会变成藏红花色，因为它富含色素。这种植物的种子有时被缝制花边的工人当作针头使用。后来，平滑十字草因其助消化、利尿、发汗和镇痛的特性而被列入顺势疗法的药物名单中。

角叶仙客来

Cyclamen hederifolium Aiton

植物学描述

花柄螺旋状

角叶仙客来是报春花科（类报春花和琉璃繁缕）多年生植物，卵球形的块根（直径可达5厘米）上面长有很细的不定根。叶先是呈椭圆形，随后收窄逐渐变为三角形，边缘平整或有锯齿。在8—11月叶长出来之前，花就会开放，呈深玫红色并带有香味。花柱并不突出，意味着它的长度并不会超出花冠的喉部。一旦受精完成，花柄从顶端起会卷曲呈螺旋状，并使果实垂到地上。果实为蒴果，从中会长出很大的种子，种子外壳带甜味，会吸引很多昆虫，特别是可以帮助这一植物传播种子的蚂蚁。

在圆圈记号之下

“cyclamn”源自希腊语“cyclos”，意为“圆形”，意指这一植物花柄的特征，因为它在花期前后都会卷曲。另有说法认为这一名字与叶的形状有关。在野生环境下，这种植物生长在地中海沿岸、法国东南部和土耳其。其分布地点包括了很多岛屿，比如科西嘉岛、撒丁岛、西西里岛、克里特岛以及希腊大部分的岛屿。它在英国也有分布，这是由于它在一次花园大逃亡之后扎根在了英国。这一植物的形状很引人注目，叶片的轮廓也让人印象深刻，在玫红色花瓣的基部有显眼的花房。

种植收获物的用途

可怕又美丽的植物

拿着镐斧的采摘者正准备把一株角叶仙客来的树根拔出来。马蒂奥利建议用这一植物的蒸馏液来止血。而迪奥斯科里德斯则注意到它有终止妊娠的作用。在中世纪，角叶仙客来的树根被列入治疗淋巴结结核的药方。通过触摸它的根茎治愈淋巴结结核的方法在中世纪很常用，同时又是无效的，但它对于病人而言没那么危险。事实上，这一方法在19世纪初就被抛弃了，因为药物分析证明了它的危险性……然而对贪食的猪而言，它却十分安全。

含蓄的美丽

从角叶仙客来的叶就可以看出它和花架上其他仙客来是“亲戚”。它需要排水良好的土壤，可以保持在秋天不落叶的优势。如果将它种植在室外，那么它唯一的弱点就是不太能抵抗长时间的冰冻。

水莎草

Cyperus serotinus Rottb.

植物学描述

和“i”一样直

水莎草是莎草科（类纸莎草）多年生草本植物，根茎壮且长，其上生长着很多嫩芽。茎干粗壮，直立，横截面呈三角形，这是莎草科植物的典型特征。叶片基部折合，上部弯曲，非常平滑，宽 4~14 毫米，末端很尖。花朵排列成小穗状，聚集在圆锥状的伞形花序中，花梗僵直、不等长，3~5 个叶状苞片长而不均匀；花的鳞片呈椭圆形，松散地交错在一起，中肋绿色，两侧棕红色。花有 3 个雄蕊和 2 个柱头。花期在 7—9 月。果实为扁平的瘦果，两侧肿胀，并具有尖头。

水中的根

在希腊语中，“cypeiros”指的是可食用的油莎草（*Cyperus esculentus* L.）。水莎草喜欢生长在沼泽、沟渠和溪流之中，而非高海拔地区。在法国，它主要分布在东南和西南地区，在中欧、南欧以及亚洲，尤其是印度都有分布。

种植收获物的用途

唤醒活力

在插图中采摘者裸露着腿采摘水莎草，他可以将其根部制成治疗支气管疾病的药物。自古以来，这种植物就被用于医学领域。马蒂奥利建议将其煮熟并制成泥，用于缓解咳嗽。在中世纪，浸在肉汤中的水莎草被当作壮阳药，这种看法一直持续到 16 世纪。然而，植物学家马蒂亚斯·德·罗贝尔称这种观点为“淫荡的挑衅”。西班牙人使用油莎草的根来替代大麦，因为其根茎相当美味，会让人想到栗子。在 18 世纪的法国，尤其是在蒙彼利埃，切碎的根（在它还有香味的时候）成了一种香水成分。后来，从中提取出的精油具有许多化妆品公司所宣传的“抑制毛发再生”的特性。

标志性的剪影

在花园中创建水景时，我发现了水生植物和河岸植物的迷人世界，它们构成了独特的生态系统，且有利于小型动物栖息。受益者包括青蛙、蜻蜓、蟾蜍，甚至苍鹭！在莎草科的大家族中，我选择了纸莎草（*Cyperus papyrus*），可能是因为它让人想起埃及著名的莎草纸。由于它能耐受的最低温度是 8℃，我会将它种植在密封盆中，盆中盛着湿润的腐殖质土壤，到了冬天再把它拿到室内。我还在沼泽地中种植了耐寒（能耐受 –25℃的低温）且非常好看的香根莎草（*Cyperus longus*），从而优化了水上景观。它的根茎最终会结成一片根节交错且具有侵入性的网络，因此在去除根茎的时候，必须小心确保铁锹不会刺穿覆盖在池塘底部的篷布。

86 85

岩寄生

Cytinus hypocistis (L.) L.

植物学描述

鳄鱼皮

岩寄生是岩寄生科多年生的无叶绿素植物，寄生于很多种半日花科的植物上。单茎直立，短，长 4~10 厘米，呈浅黄色或浅红色，无毛或被短柔毛。它被椭圆形或长方形的、层层交错的肉质鳞片所覆盖。花单生，呈黄色或浅红色，偶有白色，聚集为圆锥状，顶端的是雄花，在基部的是雌花。花期在 4—6 月。果实为浆果，结在常青的花萼之下。

汁液的转移

岩寄生是一种寄生植物，确切地说，是内生寄生。它是欧洲花卉中唯一一种归属到这一类型的植物。它生长在宿主（各种半日花科的植物）的根部组织内部，并直接从宿主根部摄取汁液和所需的营养。由于它并不生产自身所需的营养物质，也不需要进行光合作用，因此它没有叶绿素。自古以来，这一植物就因其药用价值而闻名。从这一植物中提取出的汁液尤其常用。我们只有在花期能够观察到它，那时，它星星点点的花序才会在地表出现。这类植物的家乡在地中海沿岸，但在北非和中东也有分布。在过去很长一段时间里，岩寄生都被归在大花草科中，这一科主要都是一些热带寄生植物，例如世界上最大的花——大花草（*Rafflesia arnoldii* R. Br）。如今岩寄生属于岩寄生科。

种植收获物的用途

有用的寄生植物

阿拉伯医生将这一植物的汁液和其他物质搭配制成收敛药。马蒂奥利提到，将这一植物晒干并捣碎，然后放到水里熬煮，最终可以获得一种汁液，这种汁液可以作为饮剂服用，从而治疗患痢疾或呕血的人。它也可以用于治疗疝气或使松弛组织紧致。它也是底野迦（一种解毒剂）的成分之一，这种药物在 18 世纪被写入西方航海药典中。

挑选受害者的寄生虫

岩寄生喜欢干燥、贫瘠、松软的土地，如同它喜爱的宿主——岩蔷薇（或鼠尾草叶岩蔷薇）一样。苗圃中，鼠尾草叶岩蔷薇这一小灌木在春天开花，花瓣呈纯白色，花心则是柠檬黄色，确实是岩寄生的首选宿主。如果园丁发现他的鼠尾草叶岩蔷薇有生病的迹象，叶变得干枯，花朵迅速枯萎，很有可能是岩寄生的生长导致的。特别是它的基部被一些奇特的、无叶的黄色和红色花朵入侵，那一定就是这种情况。岩寄生的生长只能通过窃取鼠尾草叶岩蔷薇根部的养分来实现，一旦让它得逞，鼠尾草叶岩蔷薇就会死亡。

紫斑掌裂兰

Dactylorhiza fuchsii (Druce) Soo

植物学描述

紧凑的穗状花序

紫斑掌裂兰是兰科（类羊耳蒜或香荚兰）多年生草本植物，具有指状块茎。茎干带花，高25~70厘米。叶上有黑色的斑纹，正面呈深绿色，背面呈青绿色。这些叶片沿茎部间隔排列，铺展开来。下部的叶有叶鞘，呈椭圆形，顶端钝，其他的叶在接近尖端处会逐渐缩小。花为玫红色、淡紫色，也有些是白色，聚为紧凑的穗状花序，与其相连的苞片较短。萼片和其上部的2片花瓣皆直立并靠在一起，另外2片萼片展开且在其尖端处朝上弯曲。唇瓣扁平，并浅裂成3个裂片，中间的裂片较小，两侧的裂片呈圆形，边缘具圆齿。花期在5—7月。其果实为蒴果。

致敬莱昂哈特·福克斯

"orchis"是一个希腊语词，意为一种具有卵球形块根的植物。物种名称"fuchsii"是为了纪念16世纪的德国医生和植物学家莱昂哈特·福克斯（Leonhart Fuchs），这一植物可以在海拔高达2000米的地方生长，特别是阿尔卑斯山区，常生长在树林、草地以及潮湿的牧场，在北亚、西亚以及北非地区都有分布。

种植收获物的用途

森林之美

插图展现的是5—6月时这一植物盛放的情形。采摘者背着包，离开了他劳作的草地。紫斑掌裂兰的用途很可能与一般的兰花相同。

如此简单，如此奢华

它的适应性极强（能耐受–20℃的低温），因而受到一些专业的兰科苗圃商的推崇。这一植物喜欢肥沃、凉爽、潮湿、具石灰质化倾向的土壤，并且喜欢在半阴处生长。在5—7月，穗状花序上会开出浓密的小花，小花形似昆虫的翅膀，呈玫红色，基底是略带淡紫色的白色。这一植物可以种植在池塘或水坑边。开花后，叶会枯黄掉落。几年之后，紫斑掌裂兰会因它们的块根而越长越壮、越长越多。正如之前我们前面提到的兰花一样，紫斑掌裂兰在物种保护计划中属于濒危植物，因此采摘它们是违法的。

月桂瑞香

Daphne laureola L.

植物学描述

苦艾钟状花

月桂瑞香是瑞香科（类二月瑞香）的多年生灌木。茎干直立，很柔韧，高40~150厘米。叶互生，无毛，通常聚集在茎干顶端，有短叶柄，叶片为长椭圆形，呈亮绿色，坚实，边缘完整。花聚为总状花序，呈黄绿色，钟状，鲜有香味。花被由花萼构成，4片花萼在它们自身最粗大的部位相互连结，无花冠。花序有黄绿色苞片，苞片明显比花短。果实为卵圆形浆果，成熟时呈黑色，只有一粒种子。

仙女的旅程

这一植物的名字来源于仙女“达芙妮”（Daphné），她的父亲珀纽斯（Pénée）为帮助她逃离阿波罗（Apollon）炽热的爱而将她变成月桂树。月桂瑞香是喜钙植物，也喜欢生长在中海拔地区阴凉潮湿的树林中，最高可在海拔1600米的地方生长。它在法国相对比较少见，在欧洲中部、欧洲南部、英国以及北非地区都有分布。月桂瑞香因其具有观赏价值，也被栽种于公园和花园里。

种植收获物的用途

不仅仅是根治

暴风雨的力量在城邦废墟上空显现，似乎在暗示月桂瑞香的治疗效果。采摘者拔下一棵有着黄色茎干且坚实的月桂瑞香。在回药铺的路上，他很轻松地剥下待会儿要售卖的茎皮，并切成带状。将这些茎皮用于皮肤，接触的部位会长小水泡。然后，只需把这些小水泡刺破，就可以暴露这些患病的部位（特别是梅毒引起的皮肤病）。至于它的叶，可以在熬煮后服用，这是一种强劲的催泻剂。在秋天，采摘者会扔掉浆果，因为它们长期以来都被认为是毒药。自2016年起，法国《公共卫生法》将月桂瑞香列入清单B中，此清单包含那些传统上直接用于治疗或制作药剂、但潜在不良反应会大于预期治疗效果的药用植物。

冬日的英雄

我非常喜欢月桂瑞香。这些从12月起就在树林中开花的灌木真是一份礼物！它们开出很特别的花朵，闻起来很香。二月瑞香（*Daphne mezerum*）是我最喜欢的品种，有着玫红色或鲜红色的花，这些花散发的幽香兼具风信子和石竹的特点。然而种植月桂瑞香就像玩俄罗斯轮盘，有赢有输。而我输了，失去了它！也许是因为它的根被暴露在外，一只鼹鼠窜到了根里。月桂瑞香喜欢阴暗的地方，但也不害怕阳光。它能够耐受 –15℃的低温，喜欢肥沃、有石灰质倾向且排水良好的土地，却无法经受移植。

高茎石竹

Dianthus longicaulis Ten.

植物学描述

天生的香水

高茎石竹是石竹科的（类繁缕或肥皂草）多年生草本植物。茎干带花，高 10~40 厘米，无毛，有明显的节。叶子无毛，较短，呈三角形，宽度通常小于 1 毫米。多数叶子聚集在基底莲座丛中，也有一些较短的叶子沿茎生长。花呈淡粉色或粉红色，有香气，单生且顶生。花期在 4—10 月。花萼比下方的苞片（有 4~6 片，可形成一个副萼）长 4~5 倍，外部有鳞片，顶端尖锐。另外，还有 1 片叶状苞片呈长椭圆形，长有一个尖，且正好处在副萼之下。花冠由 5 片花瓣组成，较为扁阔，不相连，上缘具有不规则锯齿。果实为蒴果。

神的花朵

高茎石竹拉丁学名中的“Dianthhus”由希腊语“Dios”（宙斯）和“anthos”（花）构成，意为“宙斯的花”，这与它的美丽有关。这种植物主要生长在地中海地区的山坡和旱地边缘，虽原产于意大利和希腊，但已被引到世界各地。在法国，它遍布整个地中海和卢瓦尔河地区，最高可在海拔 1600 米的地方生存。

种植收获物的用途

美丽，纯粹的美丽

在这幅山景中，两个人在空旷的草地上采摘石竹，时间为 5—7 月，这时分枝的石竹正在盛放。它因美丽而得到特别的称赞，常出现在中世纪的彩画中。对于奥斯曼帝国的陶艺家和编织工来说，这是一个非常流行的装饰主题。文艺复兴时期，男子手拿石竹宣布订婚。大约在 1760 年，蒙彼利埃医学院杜普伊（Dupuy）教授很好地总结了石竹的用途：“花店店主在种植石竹上颇费工夫。这一植物有无数品种，把它们全部记住几乎是不可能的。怪物、托斯卡纳公爵、瑞典女王、摩尔人、玛格顿、小亨利特、比熊、比萨尔等品种比较多见。另外，石竹的花朵具有强心健脑的作用。”在顺势疗法中，石竹会被制成凉茶、胶囊和煎剂以缓解病痛，如便秘、咳嗽、生疖、肠道寄生虫病等。

绝对的魅力，无可匹敌的香水

为了辨识这个约有 300 个物种和 30 万个品种的庞大家族，人们建立了好几个组别。18 世纪以来已出现多个变种：有 3~4 种颜色的“比萨尔”，带有条纹或花瓣上有斑点的“范特西”，中间和边缘的颜色形成对比的“努昂西”，不要忘了还有“单色”和“双色”。我在家里种植了各种颜色的石竹。它们的耐寒性极强，可耐受 -20℃的低温，在 5—7 月开花，香气四溢。等到霜冻的时节一过，也就是在 2—5 月或 9—12 月，我就会开始种植。它们需要充沛的阳光，只要土壤排水良好，就不需要多孔或多石。它们也不需要特殊照顾与看护，我只需轻松地剪掉一些枯萎的茎干。开花后，我会折下一些茎进行扦插，以获得未来三年的新株。

奥地利多榔菊

Doronicum austriacum Jacq.

植物学描述

简单的大型植物

奥地利多榔菊是菊科（类千里光或向日葵）多年生草本植物。根茎较短，其上的芽可使植物重生。茎高60~100厘米，空心、直立，有分枝，无毛或有少许柔毛。叶片多毛，间隔非常紧密，叶片比节间要长，在叶片基部有一些大的叶耳环绕着茎。茎干基部叶呈椭圆形，叶柄短，宽翅，从基部到顶端逐渐变窄，叶片呈心形，边缘有锯齿。茎干中部的叶片很尖，呈椭圆形或披针形，无梗，自叶片基部往上明显收缩。头状花序呈金黄色，尺寸较大，由一些长花梗支撑。总苞的苞片呈椭圆形，末端尖。花期在6—8月。果实为瘦果，果序周边的果实无毛，中心的有毛。

不幸的混乱

"doronicum"来自阿拉伯语"doronidji"，意为"豹毒"，意指了大豹毒（*Doronicum pardalianches*）曾被错认为有毒植物。奥地利多榔菊最喜欢生长在勃艮第、莫尔旺、中央山脉、塞万、东比利牛斯山脉和阿尔卑斯山的山区森林的硅质土壤上。在法国以外，它在西班牙、意大利和中欧国家及地区均有分布。

种植收获物的用途

混淆与误解

马蒂奥利曾将奥地利多榔菊与乌头（*Aconitum pardalianches*）混为一谈，并错误地将奥地利多榔菊看作是致命事故的起因，因为他观察到狗在吃了这种"奥地利多榔菊"以后死亡。1624年，让·德·勒努用真正的奥地利多榔菊重复了这一实验，几只狗在食用了这种植物之后并没有死亡。但是，该植物似乎没有很大的药用价值，只有它的根被认为可以在治疗蛇伤时起到解毒作用。肖默东在1815年总结了奥地利多榔菊的特性，他写到，这种植物很少被现代医生使用，无法得知其药用特性。不要将它与绰号为"孚日多榔菊"的山金车（*Arnica mohtana*）混淆，后者被广泛用于顺势疗法。

金色的春天

我认为它在花园中没有得到应得的位置。在春天，它是如此壮观，会长出美丽的绿叶，高大的茎干（60~80厘米）上点缀着优雅的鲜黄色的花。此外，它的落叶可以在几年内形成一块连鼻涕虫都不再光顾的绿色"地毯"。它原产于东欧、巴尔干和高加索地区，因而十分耐寒（能耐受 –30℃的低温）。只要凉爽、阳光充足或半阴，没有其他根系争夺养分，所有类型的土壤对它而言均适宜生长。花期结束时正好天气干燥，植物就可以休息了，第一场降雨后它会重新长出叶子，在秋天容易分株。在其他品种中，我推荐祸根花（*Dorinicum plantagineum*），它因尺寸合宜（约70厘米高）而闻名，且在4—6月会长出非常薄的花瓣。如"金色侏儒"（*D. caucasica*'Goldzwerg'，约30厘米高）或"灿烂春天"（*D. c.*'Frühlingspracht'，约40厘米高）等较小的品种，均为重瓣花。

龙木芋

Dracunculus vulgaris Schott.

植物学描述

蛇之美……

龙木芋是天南星科（类意大利疆南星或水芋）多年生草本植物，茎干由叶鞘部分构成，高度可达 1 米。叶子生长于一个巨大的圆形块茎上，其上会产生较小的块茎，它们最终会独立并繁殖新植株。叶鞘的特征是“蛇皮”斑纹。叶片深裂有梗，并具有 9~15 个椭圆形的裂片。花序由长 30~80 厘米的佛焰苞（变态的叶）组成。这一佛焰苞是深红色的，呈喇叭状，根部有分裂。中心则是花序轴，上面有花（佛焰花序），属两性花。雌蕊（雌花）位于基部，处在上部的则是雄蕊（雄花）。佛焰花序的上部为圆柱形，且呈非常深的紫色。花期在 5—6 月。果实为橘红色浆果。

龙

“dracunculus”来自拉丁语“draconis”，即“龙”，这就是它名字有“龙”的寓意的原因。它在法国是非常稀有的物种，仅在瓦尔的某些野地上才能找到。它在地中海沿岸的其他地区，例如阿尔巴尼亚、希腊和土耳其，会更为常见，在北非也很多。它可能已经被引入法国南部和科西嘉岛。

种植收获物的用途

一些功效

插图中的龙木芋被置于养护良好的树林边缘，树林被延伸至山谷底部的木栅栏围护着。一个男人正挖出龙木芋的根部，另一个半卧的人似乎用一只手托着自己的头。也许他的耳朵或鼻子疼，正等待龙木芋的奇迹治疗法来缓解他的痛苦！该植物的名字来源于“serpentaire”（蛇），它的茎干光滑而有斑点，因而会使人联想到蛇皮。古代医生会由它的佛焰苞联想到爬行动物的头部，就像张开嘴巴的巨龙一样。由于它长得像蛇，因而会被看作解毒剂。马蒂奥利指出，从它的种子中提取汁液，然后灌入耳朵，可以治疗耳疾；注入鼻孔，可以除掉息肉。他还指出，包含种子的佛焰苞释放出的有害气味会导致流产。到 18 世纪，许多烈性的药方终于被完全弃用了。1760 年，蒙彼利埃大学的医学教授安贝尔在参观植物园时向他的学生这样说道：“这种植物是专门治疗大腿的小肿块的，尤其在热带国家。正是由于这种功效，它也被称为‘吸盘’。”

写给有经验的园艺师

我认为龙木芋会得到那些喜爱稀有植物的人的欣赏。我是在参观里昂金头公园（la Tête d’Or）的温室时发现这一植物的。它喜欢干燥的土壤和阳光充沛的环境，可承受的最低气温为 –7℃。我更喜欢其亚洲表亲——天南星（*Arisaema*），它喜欢生长在凉爽和半阴的土壤中，并具有更强的耐寒性。此外，我还想到美丽南星（*A. speciosum*），它可承受的最低气温为 –10℃；还有亚洲天南星（*A. thumbergii*），它可承受的最低气温为 –18℃。

54 51. D

欧洲鳞毛蕨

Dryopteris filix-mas (L.) Schott.

植物学描述

永恒轮回

欧洲鳞毛蕨是鳞毛蕨科多年生草本植物，蕨叶在冬天会消失，根茎浓密，短而带鳞片。这种蕨高40~120厘米。其叶相当坚硬，有黄色的叶柄，质厚，并覆有红色鳞片，叶轴明显，叶柄比叶轴要短得多。叶片为二回羽状分裂，位于基部的一回裂片尺寸较小。每一段都有15~25对椭圆形的小叶，这些小叶的顶端呈圆形，边缘分裂或有锯齿；锯齿的顶端没有尖。孢子囊群呈团状，数量很少但体积很大，位于小叶的底部或下半部分，每侧2排，靠近中心叶脉。花期在6—9月。

性别歧视

“dryopteris”源于希腊语“drus”（即“橡木”）以及“pteris”（即“蕨类植物”）。事实上，在迪奥斯科里德斯看来，这种蕨类植物多数都生长在橡树林中。欧洲鳞毛蕨也被称为雄蕨，该名字源于16世纪的植物学家莱昂哈特·福克斯，他将其健壮且坚硬的外表与雄性蕨类植物联系在一起，而雌性蕨类的外观则相对轻柔。该物种最高可以在海拔1900米的地方生存，在法国以及全球几乎所有温带地区都很常见。

种植收获物的用途

国王和骗子

在插图中，草药师带着锄头准备挖掘欧洲鳞毛蕨，它的根部将被制成净化剂。从古代到19世纪，它的根被认为可以消灭各种蠕虫，尤其是绦虫。它通常被研磨成粉末，并与橘子树的叶制成的煎剂混合使用，这可以防止患者因其过于苦涩而呕吐。这一药方甚至在路易十六的批准下进入了凡尔赛宫。安托万·古安（Antoine Gouan）曾重新审视欧洲鳞毛蕨的药物特性：“我看到了这种药物对患者的折磨，以至于不得不让他们食用6个月的牛奶和黏稠食物。”然而，这种治疗方法需要花费18000法郎！它的叶片没有如此令人望而却步。它的叶片可制成床垫，在农村地区广为使用，睡这种床垫可以治疗儿童佝偻病、缓解风湿以及驱赶跳蚤和其他臭虫。

树林女王

我总是在树林的河岸上见到这一植物，它展露出一种异国风情！在花园中，这一气势磅礴的落叶蕨可以长成很大一簇。我建议将其种植在阴凉、富含腐殖质的新鲜土壤中。由于它的耐寒性非常好，我会在春天对它进行修剪，去除枯萎的叶子。它非常容易栽种，可以适应所有光照不足的环境与潮湿的土壤。

冬菟葵

Eranthis hyemalis (L.) Salisb.

植物学描述

只是一朵花

冬菟葵是毛茛科（类银莲花或细辛叶毛茛）多年生草本植物，具短块茎，茎干高10~20厘米。叶片无毛，呈圆形，并被很深的叶裂分成扇形，由长叶柄支撑，叶片位于花序之下。花朵因其金黄色的萼片而非常显眼，这些萼片位于嫩绿色的总苞之下，总苞由3片绿色的苞片构成，苞片会分成细长的裂片。由于总苞的萼片颜色和花瓣颜色形成鲜明对比，因此该植物在花期（2—3月）会显得格外抢眼。花瓣不太明显，呈管状，双唇，数量为5~8片。雌蕊由5~8个游离的带蒂心皮构成。果实带有明显的喙状结构，呈卵泡形。

冬季的孤独

"eranthis"源自希腊语"èr"（指"春天"）以及"anthos"（指其花朵早熟）。该属植物的特性被这一物种的名称"hyemalis"（拉丁语，意为"冬天"）所强化。冬菟葵主要生长在潮湿的树林中，但即使在那里也很稀少。由于它的块茎可以进行活跃的无性繁殖，因此可以长成一片，像地毯一样。它的分布区域涵盖了法国（西南地区除外）、中欧（意大利和瑞士）并一直延伸至塞尔维亚。

种植收获物的用途

猎人的盟友

采摘者轻便的着装和他挂在树枝上的葫芦宣告温和的春天开始了。他用铁锹翻土，并挖到了块状的冬菟葵。在古代，猎人会用这一植物的汁液擦拭弓箭的箭头，猎物中箭后会立即死亡。如果将它的根与新鲜碎肉混合在一起，可以给狼布下一个致命陷阱。植物学家雅克·达勒尚表示，和他一起除草的一位同伴对此植物过于好奇，在长时间闻一株刚刚挖出的冬菟葵之后，仿佛像死了一样地晕倒了。他们都想进一步了解这一植物的属性，所以他们将一根涂着它汁液的针扎进一只鸽子的身体里，而后这只不幸的鸽子就死了。直到19世纪，人们才将它切碎的根部与燕麦混在一起喂马，以治疗马皮疽（一种可传播给人类的传染性疾病，主要症状为脓肿）。尽管冬菟葵有毒性，但直到19世纪初，它仍被用于医学，且主要以提取物的形式用于治疗人的腺体阻塞、发烧、痛风、慢性风湿病、梅毒等。

在充足的阳光下

美丽且耐寒（能耐受 –15℃的低温）的冬菟葵是冬天结束之后最早开花的植物之一。它散发着淡淡的芳香，并呈现美丽的亮黄色。在9—10月，有必要将块茎种植在新鲜、潮湿、富含腐殖质并有石灰质倾向的土壤中，例如落叶树的林荫下。但要小心，在花期不要让它缺水。同时需要为它提供一个阳光明媚的地方，因为一旦天黑，它就会自行闭合。此外，苗圃里有很多品种可供选择。

滨海刺芹

Eryngium maritimum L.

植物学描述

如此地蓝

滨海刺芹是伞形科（类胡萝卜或水芹）多年生植物，根部多分枝，可长出地下茎。地下茎部分呈青色或浅蓝色，甚至是蓝色。茎高 30~60 厘米，分枝向外展开。叶坚硬，呈圆锥形，边缘呈波浪状。叶脉突出，叶片分裂且有坚硬的刺；下部叶片的叶柄细长，带叶鞘，上部的叶会环抱茎干。花朵呈淡蓝色、白色或蓝色，簇生于半球形的头状花序，并带有一些坚硬且带刺的总苞。这一植物的花期在 7—9 月。果实是倒卵形的瘦果，较扁，有鳞片，壁上有肉眼不可见的树脂道。

爱情游戏中的一员

“eryngium”源于希腊语“erygma”，意为“发芽”，这表明了该植物的特性。我们可以在低洼地区发现这一植物。它主要分布在北海（大西洋东北部的边缘海）、英吉利海峡、大西洋和地中海沿岸，而且是这些地区最有特色的植物之一，在西南亚和北非也有它的踪迹。但由于过度采摘以及沿海地区的过度放牧，该物种在其分布范围内变得越来越稀有。

种植收获物的用途

一个带刺的朋友

插图上的场景发生在秋天，也是挖采滨海刺芹根部的好季节。挖采者手持树枝，追捕一条毒蛇，这是该植物根部特性的象征。滨海刺芹的根在迪奥斯科里德斯所在的时代被用作抗毒素。16 世纪，几本研究药学的书指出，它很柔软，单用水就可以把根煮软。然后，将其浸渍在糖中，再加入水或葡萄酒一起服用，可以缓解绞痛、溶解结石，还可以帮助小便滴沥的人顺利排尿。这种治疗需要持续 15 天，早上空腹喝一杯，睡前也要喝一杯。到 18 世纪，又出现了另一种流行的配方，是将滨海刺芹的根浸渍在蜂蜜中并混入生姜和肉桂，它可以显著增强精子活力。如今，这种植物因其祛痰、利尿和抗应激的特性而被用于植物疗法。

风景保护的符号

在海边散步时，我喜欢去看看这位科坦登（Cotentin）沙丘的常客。由于花朵姿色动人，它在野外长期受到折枝的困扰。在 20 世纪 70 年代它幸运地得以留存，免于灭绝之灾。它留存的花朵象征着这次救援行动的成功，同时也成为海岸保护区的标志。1975 年创建的海岸保护区是一个（法国的）公共机构，在欧洲独一无二，其任务是收回受到城市化威胁或退化的土地，以恢复海岸线原貌，保持自然的平衡。

44.
47

欧洲卫矛

Euonymus europaeus L.

植物学描述

一个“失魂果”

欧洲卫矛是卫矛科木质灌木植物，具有白色的根，有时会形成根蘖。它的高度为 3~5 米，极少数可达 7 米。稚嫩的小树枝带有 4 个突出的纵脊。这些嫩枝表皮光滑，呈绿色或红棕色，随着时间的流逝会变成灰色。叶子对生，无毛，叶柄短。叶片为椭圆形，呈暗绿色。花呈白绿色，有时会变成紫色，有难闻的气味，2~5 朵聚为总状花序，且常常是对生。花冠由 4 个条形的花瓣构成，通常比花萼长。花期在 4—5 月。果实是具有 3 个或 4 个角的蒴果，成熟时为粉红色，并会露出鲜艳的橙色种子。

常见的小灌木

“euonymus”源于希腊语的“eu”（意为“好”）以及“onymus”（意为“名字”），指这一命名十分贴切。欧洲卫矛既喜欢生长在树篱、灌木丛和树林，又喜欢生长在海拔 700 米以下的岩石地区。它的踪迹遍及整个法国、欧洲直到瑞典南部，同时在北亚、西亚以及北非也广泛分布。

种植收获物的用途

已经梦见成为金发女郎！

极具毒性的欧洲卫矛目前尚未被当作药用植物。但是马蒂奥利在他对迪奥斯科里德斯《药物论》的六卷本评注中指出，其坚硬的木材可以制成编织用的纺锤，因此在意大利被称作“fusaro”。在盆中烧制后，其木材会变成木炭，而这种木炭广受画家的青睐。在马蒂奥利所在的时代，其蒴果（种子和假种皮）被制成粉末后会被人们涂在头发和衣服上，用以除去虱子和虱卵。种皮可以制作红色染料，果实制成的煎剂则可用于染发。

在秋天极美

这种灌木大小适中（约 3 米高），属于小树林景观。每年秋天，我都会种下一些与千金榆和山楂树相关的东西用来重建或巩固树篱。它非常耐寒（可耐受 -15℃的低温），且需要种植在凉爽、潮湿、阳光充沛或半阴的土壤中。在秋天，它的叶子上会显现出鲜艳的色彩，从鲜红色一直到粉色，各不相同，上面长着粉红色的蒴果，并露出鲜艳的橙色种子，这就是它的别名叫作“软帽”的原因。不用担心，它不需要任何特殊照顾。

扁桃叶大戟

Euphorbia amygdaloïdes L.

植物学描述

来自别处的空气

扁桃叶大戟是大戟科（类山靛或蓖麻）多年生草本植物，具有轻微的木质性，有毛且根部粗厚。茎干稍呈木质，基部裸露，高 30~80 厘米。叶子完整，呈深绿色，有时带红色，为椭圆形或倒卵形。基部的叶呈莲座状，厚且常青；上部的叶则较为松散，柔软且易掉落。基生叶的叶柄较短，叶片较长（比宽度长 5~6 倍）。伞形花序，花呈淡黄色，每个花序中含 5~10 条分叉 2 次的花梗。这些伞形花序的苞片融合成凹面圆盘状。花中有黄色的腺体，延伸得较长且集中。花期是 4—6 月。果实为蒴果，无毛且有凹槽。种子为卵球形，灰色，光滑且有一些肉突。

完全来自这里

扁桃叶大戟拉丁学名中的“Euphorbia”源于“Euphorbe”，是一位希腊医生的名字。此人是毛里塔尼亚国王朱巴二世（Juba II de Mauritanie）的御医，发现了大戟属植物的药用特性。扁桃叶大戟可见于树林和树篱中，海拔 1700~1800 米的地区也可生长。除法国外，在中欧、南欧、西亚和阿尔及利亚都有分布。

种植收获物的用途

难以驯化

迪奥斯科里德斯说，大戟的汁液在阿特拉斯山区使用过，药劲猛烈，提取汁液之前甚至需要将其在小山羊的瘤胃中存放一段时间，然后自远处用尖端以铁制成的长矛将之扎穿。这一植物用处无数，甚至能改善视力！这里所说的不是本书中的大戟，而是药用大戟（*Euphorbia officinarum*）。迪奥斯科里德斯将大戟制成药剂涂在眼睛上，发现它可以治疗白内障。考虑到纯汁液会烧伤皮肤，必须非常小心地将其大幅稀释。从那时起，这种汁液就被视为强大的解毒剂，用来解蛇毒和各种毒药。在中世纪和文艺复兴时期，它会与软化油一起用于体外治疗，以安抚神经、缓解战栗和关节疼痛。

伟大的图案

扁桃叶大戟很自然地来到我的花园。它喜欢半阴，和其他灌木一样喜欢凉爽、富含腐殖质的土壤。多年来，我在花园里种植了不同种类的大戟。它们具有令人称奇的异国风情和构造！我最喜欢的圆苞大戟（*E.griffithii*）高约 75 厘米，枝叶浓密，叶子中央的叶脉由红色渐变为黄色，花朵在顶端橘红色的聚伞花序中绽放。我将它种植在禁入的草甸上，它会在马醉木和山茱萸之下盛开。秋天，我会进行完整的修剪。我也很喜欢高大的蜜腺大戟（*Euphorbia mellifera*），高约 2.5 米，5 月开始开花，花呈棕色，在顶端形成聚伞花序，并散发出类似蜂蜜的香气。它的耐寒性不是很强，只能耐受 –8℃的低温，但能够适应所有类型的土壤，即使是弱碱性的，只要排水良好、柔软深厚就够了，因为这有利于其根部随性生长。可以在春天种植，不必给它任何特殊照顾。我曾把它与细叶大戟（*E.cyparissias*）嫁接，后者可以在它之下形成地被。

海大戟

Euphorbia paralias L.

植物学描述

和海风一样

海大戟是大戟科多年生草本植物，轻微木质化，呈青色，无毛，根茎长而坚硬。茎干直立，基部为木质，高 30~60 厘米。叶子很多，以直立的形态长在茎上，无梗，叶片完整，呈椭圆形或披针形。花为黄色，聚为伞形花序，其上有 3~6 条花梗，这些花梗上都存在分枝，分枝到三阶。处于伞形花序中的绿色苞片比稍厚一些的肾形叶片更鲜艳。花中的腺体为新月形，很短，并且彼此完全分离。花期在 5—9 月。果实为三角形蒴果，无毛，有深沟。种子光滑，呈白色，有肉状突起。

在沙中

顾名思义，海大戟大量分布在法国海岸的沙滩上，在这些地方，这种植物都比较茂盛。但它的分布区域仅限于沿海地区，并且不会在海拔太高的地方。该植物也在西欧、南欧、北非、叙利亚有分布。

种植收获物的用途

保护者和软化者

海大戟生长在海边。在插图左侧防御要塞的护城河与通向大海的道路之间的沙丘上便有很多海大戟。这一植物的根茎可以保护沙丘免受海浪和风的侵蚀。让·德·勒努建议将海大戟的汁液与甜杏仁油在研钵中混合，然后将它们的混合物放入已挖去果肉和种子的半个木瓜中，再将另一半木瓜盖上，之后再用面团裹住并烘烤。由此获得的大戟油，因其烈性已被缓和，可以直接服用，且没有副作用。可用它外敷来缓解偏头痛和嗜睡，也可以缓解关节疼痛、肝脏和脾脏的问题。两个世纪后，化学教授朱利亚·德·丰特奈尔指出，巴黎的药剂师都会分发一种退烧药粉，由乳浆大戟（*Euphorbia esula*）的根研磨而成，需要混在肉汤中并服用三天。他最后指出：“这一药物既会猛烈催吐，又会猛烈催泄。”

修复沙丘

这是一种令人难以置信的植物，整个夏天我都会在海边沙丘上看到它的花。它生长在诺曼底海岸，同样也生长在法国南部、科西嘉岛和布列塔尼大区，可惜在滨海阿尔卑斯省已逐渐减少、消失。它是一种固沙植物，长长的根部尤其管用。除了在海边或旱地的专业苗圃，我们很少能在其他苗圃中找到它。在花园中，它可以在多石、阳光充足、干燥的土壤中生长。根据花园的情况，它会在春季或夏季开花。我想到了令人惊叹的地中海大戟（*Euphorbia characias*），它是一种常绿灌木（约 1 米高），有蓝绿色的叶子。在 3—6 月，它会长出黄绿色的花序，其上凸显出紫黑色的蜜腺。“Cyath”是大戟属植物花序的专有名称。它们可以很好地生长在墙上和石子地里。我还推荐“冰川蓝”这一品种，它的蓝叶上点缀着漂亮的奶油色。

小米草

Euphrasia officinalis L.

植物学描述

贪吃的嘴

小米草是列当科（类列当或山萝花）一年生草本植物。根系有小的侧吸盘，可以插入其他植物的根系中。吸盘由一个小的乳突构成，顶端呈钝角或截头状，边缘有一个小的膜状副花冠，形成类唇状结构，唇会环绕着被寄生的根。茎干直立，通常有分枝，高 3~40 厘米。叶子对生，稍有交错。叶片的轮廓大致为椭圆形，边缘有齿。花多为白色，且带有淡紫色的条纹，也可能是浅白色、淡蓝色、带有黄色斑点的淡紫色、紫色或黄色。花聚为细长的总状花序，较松散。花萼不突出，有毛。花冠呈管状和双唇状，下部裂片与相互融合的 3 瓣相连，上部裂片则与相互融合的 2 瓣相连。唇瓣的双裂片凹缺，且长度远远超出花冠。花期在 4—10 月。果实为蒴果。该植物拥有众多品种，因此分类非常复杂。

赏心悦目

“euphrasia”是希腊词语，意为“欢乐”。小米草自古以来就以治疗眼疾而闻名，它是眼疾患者的快乐源泉。这种植物生长在草地、牧场、树林以及干燥的山坡或沼泽中。在法国，除地中海沿岸的地区外，它几乎分布在各个角落。我们甚至可以在海拔 3100 米的阿尔卑斯山找到它。另外，它已经被引入到世界上许多其他地区。

种植收获物的用途

从黑暗到光明

插图的景观构成了一则复杂的故事。首先，签名理论被场景化了，岩石中凿出的眼洞窗使人可以看到背景中的群山，就像瞪大的眼睛一样。在对面，一尊耶稣受难像处在通向黑暗的洞穴入口处，洞穴就像一只盲眼，只发出微弱的光，象征着神的在场。在两者之间，一股青烟从眼洞窗那儿的地面上升起，如同一种晕染效应，使得小米草的部分根茎和处在最右边的僧侣的衣角模糊不清。这个场景中的两名采摘者和两位修道士完成了图像的象征功能：跪在草丛中的采摘者挖出被认为可以恢复视力的小米草，另一个采摘者肩扛袋子，并给一个修道士递去一个篮子，以便他收集手中拿着的宝贝。坐在洞穴入口处的另一位修道士则沉浸在阅读中。多亏这些书，修道士们才拥有能够照亮黑暗的知识。他们尤其喜欢研究植物及其医疗用途。在这种情况下，他们通过三大一神教中普遍存在的原则（即造物主一面制造疾病，一面也会制造出相应的解药），认识到了小米草能治疗眼疾的特性。

从“奇迹”到忘却

直到 19 世纪，小米草才获得可以明目的美誉。1815 年，肖默东在它身上发现了某种优雅，却也戳破了其药用特性的神话：“在荒谬的签名理论流行之时，人们会认为它的形状和眼睛相似，从而得出结论说它肯定可以治疗眼疾。”接着，肖默东以谴责其为“被过誉的、非理性的医学材料”来总结对它的批判。

榕毛茛

Ficaria verna Huds.

植物学描述

一位真正的预言家

榕毛茛是毛茛科（类欧獐耳细辛）多年生草本植物，有两种类型的根：一种根膨胀且能形成块茎，呈小无花果状，与地下茎相连，地下茎储备有营养物质，以便在次年春天长出新的榕毛茛；另一种根细长，开花后就会消失。茎与植物的其余部分一样，无毛，高 10~40 厘米。根可以很短，较为直立；也可以很长，且较为伸展。叶片由长叶柄支撑，基部具鞘，互生，少数是对生。叶片有光泽，呈心形，通常带有细长的棕色斑纹。花朵为鲜黄色的星形，带有 3 片略微膨胀的绿色萼片以及 6~12 片有光泽的花瓣，花瓣在枯萎时会呈白色。花期通常在 3—5 月，在高海拔地区则会更晚。果实为瘦果，心皮通常不育，可育部分会产生种子，但种子往往难以发芽。因此，该植物的繁殖方式主要是无性繁殖，与处在茎干基部的块茎有关。

世界主义者，甚至是征服者

“figuier”源于拉丁语“ficus”，意为“无花果树”，因为榕毛茛茎干基部形成的小结节形似无花果。这种植物的分布很广，且喜欢凉爽的地方、树篱和潮湿的田野。榕毛茛可以在高山地区生存，但比较稀少。除了极地，它在法国各地都有分布，同时在欧洲、小亚细亚、高加索和北非地区也有分布。它被引入到北美洲，但在那里被视为一种入侵性植物。

种植收获物的用途

治疗痔疮的草

插图中，草药师躺在草丛里，沉浸在一本药用植物学书籍中。他可能是在把刚挖出的榕毛茛和书中的图像做比较。对榕毛茛的采挖通常在傍晚进行，因此，此时太阳很可能已经落山了。在 1 世纪时，普林尼将榕毛茛看作治疗痔疮的首选药物。直到 18 世纪，它也还一直保持着这种名声，但后来它就在医学实践中完全消失了。

不要惊慌

榕毛茛通常会被认为是园丁的敌人，它的领地扩张能力会让园丁惊慌失措。然而我不会失去理智，因此我决定与它生活在一起，在欣赏它的同时控制它。3 月，它的花与报春花的花会同时开放，并在林荫区域形成良好的地被。为了在次年到来之前将它清除出去，我会用少许覆盖物将它遮起来，使它变得羸弱，从而可以轻松拔除。

长叶蚊子草

Filipendula vulgaris Moench.

植物学描述

非常简单

长叶蚊子草是蔷薇科（类欧亚路边青或玫瑰）多年生草本植物，根系可生出长块茎来储存营养物质。茎干直立，高 30~60 厘米。叶子处在植物底部的莲座丛中，并沿茎部分布，为奇数羽状复叶，有 15~25 对狭窄的叶片。叶片大小不均，小叶与大叶混生，且偶有深裂。托叶有锯齿，呈半圆形。花呈白色，外部泛红，有香气，聚集在有分枝的总状花序中。花冠多为 5 瓣，但经常也有 6 瓣或 7 瓣；心皮被细毛所覆盖，且没有螺旋结构。花期在 5—7 月。果实为扁且平直的瘦果。

悬挂在线上

“filipendula”由两个拉丁语词组成，“fili”表示“线”，而“pendula”，即“pendulus”的阴性形式，意为“悬挂”，此名称意指这种植物的块茎通过非常细的根与根系相连。长叶蚊子草生长在法国大部分地区的树林、灌木丛和草地上。但是它在地中海地区、洛林地区、杜省、上比利牛斯省都很稀少，且几乎不存在于法国的北部和西北部。它特别喜欢石灰质的黏土，且可以在海拔 1000 米的地方生存。在欧洲的大部分地区、北亚、西亚、阿尔及利亚和摩洛哥都可以发现这种植物。

种植收获物的用途

富含淀粉

整幅插图的风景被暮光环绕。两个伙伴已经完成了对长叶蚊子草的采挖，最佳证据就是那个扛着鼓起的袋子的人，他们加入仍在草地上劳作的伙伴中。也许他们会将长叶蚊子草的根茎喂给贪吃的猪，并把花和叶制成凉茶。的确，马蒂奥利解释道，他那个时代的医生认为这一植物有益于溶解肾脏和膀胱的结石，并有助于缓解胃部充血和呼吸困难。1819 年，《法国植物简史》（*L'histoire abrégée des plants de France*）中收录了长叶蚊子草，因为它的块茎中含有某种淀粉，可在饥荒时期充当食物，但是这种植物的药用价值却被忽视了。如今，植物疗法实验室使用的是旋果蚊子草（*Filipendula wlmaria*）这一品种，也就是著名的“草地女王”（reine-des-prés），这种植物具有镇痛和排出多余水分的作用。

不畏干燥

长叶蚊子草非常适合干燥的花园和阳光充沛的环境。它的耐寒性非常强（可耐受 –20℃的低温），且不喜欢根系竞争，可以适应所有类型的土壤。它的叶子常绿，花在 6—9 月盛开，呈优雅的白色球状（每三朵一组）。应在春季或秋季进行播种，并对它进行分株繁殖。对于钟爱小众口味的人而言，可将其根茎长时间烹煮之后再进行品尝。

野草莓

Fragaria vesca L.

植物学描述

假果与真果

野草莓是蔷薇科（类玫瑰或欧亚路边青）多年生草本植物。具有大量健壮的匍匐茎，能很快占据任何区域。茎干带花，长 8~30 厘米。基部的叶由长叶柄支撑，叶片分裂为 3 片边缘具锯齿的小叶。小叶背面有白色茸毛，二级叶脉有浅浅的脉纹。花为白色，鲜有黄白色或浅玫红色，具有自交可育性。花期为 3—6 月，有时会延长至 7 月。其果实在植物学上被称作假果，果肉部分不是由心皮变形而成，而是由花托变形而成。花托有真果，也就是瘦果，内含种子，常被人们采摘。花萼和副萼特征显著，当卵球形或椭圆形的红色或红白色（鲜有白色）果实成熟时，它们会铺展或翻转过来。

从野生到驯化

“fragaria”源于拉丁语“fragans”，意为“有香气的”，因为这种植物的果实具有令人愉悦的气味。18 世纪下半叶，各个不同品种杂交产生的新种很快就取代了野草莓。在法国，这一植物普遍分布于树林、花园、灌木丛和小山丘上。然而，它在地中海附近却比较罕见。野草莓通常不会在海拔高于 1600 米的地方生长。除欧洲外，我们也可以在亚洲、北美洲和非洲看到它的身影。

种植收获物的用途

迟来的名气

奇怪的是，这一插图中的野草莓并不处在它应在的位置，也就是画面下方的那片树林中，也不在花园里。相反，它生长在山巅，在那里可以看到野山羊的侧影，也许它们喜欢这株植物香甜可口的果实。野草莓很少被古代医学家提及，但它在 16 世纪末引起了那不勒斯的旧约象征说者（figuriste）让 – 巴蒂斯特・波尔塔（Jean-Baptiste Porta）的注意。“野草莓中满是红色的汁液，可以促进伤口愈合并治疗痢疾”，安托万 – 尼古拉斯・杜尚（Antoine Nicolas Duchesne）在他的《野草莓自然史》（*Histoire naturelle des fraisiers*，1766）中指出：“有人认为可以在夏季的夜晚把野草莓涂在冬天容易发冻疮的位置，以防止复发。”他也提到野草莓在蒙特勒伊和巴尼奥莱被大量种植，20 年的时间里，其种植面积增加了 2 倍，以满足巴黎市场的需求。

栽培美食

我的预期是在 5—10 月都可以收获野草莓。为了实现这一目标，我选了一些结果期前后相连的品种，这样还能四季开花。我在果园中选了一片阳光充足的地方，这里的轻壤土呈酸性、疏松、富含腐殖质、排水良好。在土地上施了具有 3 年功效的有机肥之后，就要把植株种在椰子纤维制成的垫子上，一来可避免野草侵入，二来能收获干净的果实。10 月，我会剪掉树根，并把匍匐茎移植到高 10 厘米的地垄。每三年我都会重新种一次。在收获的时候，我将与鸟进行一场公平的竞争。我尤爱笔直的“嘉丽格特”（Gariguette）以及香气扑鼻的“玛拉・德・波伊”（Mara des Bois），这两个品种都是四季开花的。

球果紫堇

Fumaria gaillardotii Boiss.

植物学描述

成串的花朵

球果紫堇是罂粟科（类罂粟或凹陷紫堇）一年生或多年生草本植物，长长的主根部泛青绿色。茎干直立并自下而上展开，少数蔓生，多分枝，高 10~70 厘米。叶互生，双叶到单叶，裂片窄而长直，有很多锯齿。花呈鲜红色、淡紫色或玫红色，长 6~8 厘米，结成浓密的一串，串上有侧芽或顶芽，支撑花的花梗比花冠短。萼片比花冠窄，长度为花冠的 1/3。下部的花瓣末端很宽，花冠的末端部分颜色更深。花期是 4—10 月。果实为短角果，较宽，在截断的顶部末端部分有 2 处凹陷，且只包含 1 粒种子。这一植物有很多不同的形态。

如同土地的呼吸

“fumaria”由两个相互对照的拉丁语词“fumus”（意为“烟”）和“terrae”（意为“大地”）构成，因为这一植物时而呈青绿色，时而呈蓝色，而它轻盈的叶是气生叶，就像从土地中飘出来的一样。该植物可以在田地、野地、路边、残墙或废墟中生长，也可以在海拔高达 1700 米的地方生存。在法国，到处都可以找到它。这种植物分布于欧洲各个地区（除了北欧），在西亚、北亚以及北非也有分布。

种植收获物的用途

有利于重振精神

插图中的场景发生在 6 月，这恰是收割球果紫堇叶子的时节，与此同时，它并未长出花。当采摘者跪在草地上拔它的根时，处在画面前方的两个女人一起坐在草地上，穿红衣服的女人把手放在更年轻的那个女人肩上安慰她，更年轻的女人正在她的柳条篮里寻找东西。自古以来，球果紫堇都是医生最常用的植物之一。我们很难为它列出一张用途清单，因为实在是太多了。它不仅可以用于清洁去污、通便、调经，还可以治疗坏血病、肝病及其他脏器疾病、一切皮肤病，甚至抑郁症。通过观察年轻女人的表情和她同伴的神态，我们可以想象球果紫堇的叶能让她脸上重新展露笑容，但它的根部或浆液却会使年轻女人哭泣。如今，因为球果紫堇对肝和胆囊疾病的疗效，它被用于植物疗法中。此外，它还可以治疗动脉硬化症，也可外用来治疗皮肤病。

圆叶老鹳草

Geranium rotundifolium L.

植物学描述

享有盛誉的祖先

这一植物是牻牛儿苗科（类天竺葵或牻牛儿苗）一年生草本植物，全株遍布形状各异、长短不一的茸毛。茎干呈浅红色，直立，多分枝，高 10~60 厘米。有长长的叶柄，叶片整体呈圆形，并被分为 5~7 片裂片，边缘有圆形锯齿，裂口从不会超过其长度的一半。这些裂片的每一个连接处都具有一个明显的红点。圆叶老鹳草的花很小，呈玫红色并略带紫色，少数为白色，它们两两聚集为一组，并立于同一叶柄之上。每朵花的花梗都比花萼短。萼片呈铺展状，顶部具有短且毛茸茸的尖端。花瓣无毛，整体或部分微缺。花期在 4—9 月。心皮被短柔毛，果实为蒴果。

鹳什么都没说

“geranium”来源于希腊语“geranios”，意为“鹳”，指的是形似鹳喙的果实。圆叶老鹳草分布在路边、田野、葡萄园、野地、山丘和河岸上。它可以在海拔很高的地方生存。我们可以在法国和法国之外的几乎整个欧洲看到这种植物，在北亚、西亚、北非以及马德拉群岛也有它的身影。

种植收获物的用途

被遗忘

有意思的是，插图上的哈雷彗星似乎正在划过天际，这一场景发生在植物图集出版前的一个世纪。正如花朵所展示的那样，图中田园牧歌式的景象发生在夏天，有些花朵已经让位于因形似鹳喙而闻名的果实了。远处，羊群在安静地进食；近处，距离一个垂钓者几米远的地方，一名采摘者正在河边挖圆叶老鹳草。它对伤口有很好的愈合作用，也可以治疗痢疾。迪奥斯科里德斯称，它的汁液对于耳痛而言是最好的止痛药。作为漱口剂，它可以作用于扁桃体并加速咽炎痊愈。作为利尿剂，它可以缓解结石性肾炎。但在今天，它的用处似乎不大了。

完美的地被

圆叶老鹳草和天竺葵的人工品种的增殖有多迅速，在花园中找到它们的祖先就有多难，这就是圆叶老鹳草的现状，在农村漫步的时候会比在花园中游览更容易遇到它。我会接纳一些多年生且能够快速形成地被的老鹳草。暗色老鹳草就是这样，它可以在暗处完美生长，而它那一大簇带有大理石纹的奶绿色的叶可以使阴暗的角落熠熠生辉，其淡紫色的花在 4—6 月底开放。老鹳草的适应性很强（可耐受 -20℃的低温），能够在所有类型的土壤中存活，甚至在重壤土和黏土里也不例外。我会在花期之后修剪它们，以防它们停止繁殖。对于地被，我同样推荐“罗珊”这一品种，它从 6 月起直到第一次寒潮都会不停地开花，甚至会开成一张蓝底白花的“地毯”。我会在 7 月的时候修剪一次，使得它能够再次绽放。它的适应性也很强（能耐受 -16℃的低温），且喜欢生长在肥沃、新鲜的轻壤土中，但也能适应重壤土。

欧亚路边青

Geum urbanum L.

植物学描述

被苦苦寻觅的香水

欧亚路边青是蔷薇科（类野草莓或欧洲龙牙草）多年生草本植物，有较短的根茎和较长且粗厚的不定根，散发出丁香的气味。根茎上可以生出很多不定芽，使得植物可以进行无性生殖。茎干少分枝，遍布茸毛，高 30~90 厘米。基部的叶属对称羽状叶，具有 5~7 节，大小不一，略呈弧形且有锯齿。中部的叶分裂成大小不一的 3 个部分。这些叶均有绿色的宽托叶。花为黄色，相对较小，聚成疏松的总状花序。萼片呈绿色，它在花期（5—9 月）之后会翻转过来。花瓣为圆形，彼此距离较远。心皮为长方形，有一根覆着细茸毛的坚实长花柱，聚在花萼底部的无柄端。果实为瘦果。

就像丁香

“geum”来源于希腊语“geyeïn”，意为“调味”，指的是这一植物根部的丁香味，这种味道来源于其根部组织中的丁香酚。欧亚路边青分布在树林和花园中。在法国，出现于海拔低于 1300 米的地区。此外，除了在北方一些地区，整个欧洲都有它的身影，它在北亚、西亚和北非也有分布，且被引入北美部分地区。

种植收获物的用途

一种可以减退性欲的根

图中有两名采摘者，其中一人正调整着一把小弩弓，可能正瞄准树林中的鸟或兔子；另一人手里拿着一株欧亚路边青，并注视着他的同伴。如果打猎收获丰富，那么欧亚路边青的新鲜根部就会作为用于烹煮猎物的香料。在中世纪，欧亚路边青被僧侣们用于驱邪。这一用途要归功于其缓解间歇性发热和减退性欲的特性。它的功效被医生们广为传颂，有些医生甚至把它的功效和金鸡纳霜相媲美，另一些医生指出它会引起病人呕吐和眩晕，却没有缓解病人的发热症状。在英国以及一些北欧国家，酿酒师会用欧亚路边青替代啤酒花来酿造出更香甜的啤酒。如今，欧亚路边青常常出现在顺势疗法的药物名单中，这些药物可以治疗诸如腹泻、大腿酸痛、痔疮以及牙痛等各类疾病。

性情温和的“入侵者”

一些人将欧亚路边青种植在花园中，以获取它有着丁香味的根部，用来煲汤、制作调料和果泥。欧亚路边青可以生长在苗圃中，但要警惕它的入侵性。它的适应性非常强（能耐受 –30℃的低温），并且喜欢在新鲜、富含腐殖质且排水良好的土壤中生长。趁它们在花园中散播种子之前，一定要把它们的长匍茎和枯萎的花除掉。

地中海唐菖蒲

Gladiolus italicus Mill.

植物学描述

灯泡？不，是球茎！

地中海唐菖蒲是鸢尾科（类鸢尾或番红花）多年生草本植物，有球茎，其上部覆盖有纤维质皮膜。茎干带花，高 40~80 厘米。叶直立，3 片或 5 片为一组，整片叶逐渐缩小，最终形成一个尖。5 朵花或 10 朵花聚成松散的穗状花序。花呈玫红色或鲜红色，长 3~4 厘米，含 2 片大小不一的苞片。上部花被片的长度大于宽度，与其他花被片分离。雄蕊的花药比花丝长。花期为 4—7 月。果实为蒴果，有 3 个圆角。种子呈梨形，光滑，没有翼瓣，这一特点也使它与其他植物有所区分。

小植物的“小长柄刀”

“gladiolus”源于拉丁语，意为“小长柄刀”，使人联想到地中海唐菖蒲的叶片形状。地中海唐菖蒲喜欢生长在农田和葡萄园中。它主要分布在海拔较低的地区，几乎遍布地中海地区（除了鲁西永），但在法国西部、中部和罗纳河地区比较少见。

种植收获物的用途

田地……

在这张奇怪的插图中，地中海唐菖蒲在一片与海相邻的麦田之上，对面是一座耸立的小岛，岛上有一座塔，还有一个庇护着渔人码头的岩石小湾。把植物置于麦田之上，并与小岛形成对照，是为了表明这是一种长在田地中的植物，这也是它的别名“segetis”的由来。其根部用途广泛，迪奥斯科里德斯认为将位置靠上的一截捣碎泡酒，可以制成性药；反之，靠下的部分则会使人不育。人们还认为它的根部可以除掉身体中的异物，还可以解蛇毒。1806 年，安托万・古安称地中海唐菖蒲的根部（球茎）没有医用价值，这一点在几年之后被普瓦黑所证实。如今，一些顺势疗法的药物会提到“蓝色唐菖蒲”，它其实是变色鸢尾（*Iris versicolor*）的错误命名。

在花园里！

我很喜欢唐菖蒲的形状，可以不费力地将它们置于花坛或混合花境之中。它的优点之一就是可以存活很长时间并自由开放。我会在春天将花楸（一种球茎）置于土中 10 厘米深处的一层沙中，土壤需排水良好，已施用充分分解的肥料，阳光充足且避风，以免它高达 70~120 厘米的茎干被折断。不同品种的花期不同。我家的普通唐菖蒲在 6 月初会开出玫红色或红色的花穗，在 7~8 月会被绯红唐菖蒲（*G. cardinalis*）的红色花朵和花脸唐菖蒲（*G. papilio*）泛着淡紫色的奶白色花朵所取代，9 月则是美花唐菖蒲（*G. callianthus*）香气四溢的白色和鲜红色花朵登上舞台，最后，耀眼的“阿比西尼”（d’Abyssinie）宣示花园中这些美的季节的结束。在冬天，需要用稻草覆盖土壤，以保护球茎免受冰霜的袭扰，或直接将其挖出在干燥和通风处保存。唐菖蒲的食用价值高于植物学价值，我会将其栽种在菜园里，也可养在花瓶中。

金钱半日花

Helianthemum nummularium (L.) Mill.

植物学描述

白貂皮

金钱半日花是半日花科多年生植物。茎干的基部为木质，且部分埋在土中，另一部分直立，高10~30 厘米。叶皆具托叶（顶部叶片的托叶呈长椭圆形，就像叶子本身的形状）。叶的下部有时覆盖有浓密的茸毛，这使它看似是白色的。花聚为松散的总状花序。5 片萼片聚成 2 个圈：3 片较大的、茸毛较少的萼片在内，另外 2 片较小的、无毛或有少量茸毛的萼片在外。花瓣的尺寸远大于花萼，多数呈黄色，少数呈白色或玫红色。花期在 5—8 月。果实为蒴果，成熟时内含很多种子。

与太阳的秘密约会

“helios”意为“太阳”，“anthos”意为“花朵”。在太阳底下，金钱半日花的花朵会很快凋谢，这就是它的名字的由来。金钱半日花可以在草地、山丘、林中空地以及平原或山上的干旱多沙的地方生长，甚至可以在海拔高达 3000 米的地方存活。在法国，除了布列塔尼大区，到处都可以见到这种植物。在欧洲，除了斯堪的纳维亚，到处都有它的身影。同样，我们也可以在东南亚和北非与它相遇。

种植收获物的用途

谦卑的植物，隐藏的功效

插图中，两个采摘者在一个小海角上采摘金钱半日花，站着的人给跪着的人指着一株植物。图中的场景发生在 5 月或 6 月，正是金钱半日花的花期。在 16 世纪，金钱半日花因其根和叶而享有些许声望，因为这些根和叶可以制成滋补和收敛的药物。它们熬煮后提取出来的汁液也会用于制作治疗吐血和出血的药物。但从 18 世纪起，除了在农村，这些药物已经逐渐不被使用，因为在那里很容易找到金钱半日花。

干燥花园里的天才

它们在砾石花园中有很好的表现，同时，也很适合在大花坛中形成地被。它们很喜欢太阳，且不怕干燥。在五彩斑斓的花期之后，我会修剪它们，使它们成簇。它可以很好地适应岩石环境，也可以在阳光充足的斜坡上形成地被。它的适应性很强（能耐受 -20℃的低温），喜欢干燥、多沙石、含石灰质且排水良好的土壤。当我们把它种植在土里，到了春天就很容易进行扦插。至于花色，园艺师可以在苗圃里众多的杂交品种中选出心仪的那一株。

意大利蜡菊

Helichrysum italicum (Roth) G. Don

植物学描述

太阳下的金子

意大利蜡菊是菊科（类细毛菊或雏菊）多年生草本植物，茎干的基部略呈木质，整体轮廓似灌木，且具有浓郁的芳香。茎干高 40~60 厘米，叶窄且互生，接近线形，瓣片为蓝灰色，有茸毛，边缘从底部卷起。花有管，聚为圆柱体形的头状花序，在茎干顶部的花则聚为伞房花序。花呈金黄色；总苞为黄白色，由数片互相包裹的苞片构成。内部的苞片比外部的要长，且有较窄的白色膜质尖。花期在 6—8 月，果实为瘦果。

地中海口音

“helichrysum”源于希腊语“helios”（意为“太阳”）以及“chrysos”（意为“黄金”），这一名字源于亮丽的、金黄色的头状花序。意大利蜡菊在海拔超过 350 米的地方就无法生长。我们可以在法国南部的岩石和干燥的山丘上遇到这种植物，这些地方富含石灰质、宁静且靠近海边。意大利蜡菊是地中海地区的地方性物种。在法国南部之外，它在阿尔及利亚、摩洛哥、塞浦路斯、希腊、阿尔巴尼亚、黑山、伊比利亚半岛、意大利、斯洛文尼亚以及克罗地亚都有分布，也是一种经常被栽种的植物。

种植收获物的用途

永恒的香水

采摘完意大利蜡菊，采摘者正走上小桥踏上归家的路，一路上，意大利蜡菊芳香扑鼻。他曾经去往前方峭壁的坍塌处寻找这一植物。荷马在《奥德赛》中指出，瑙西卡用它的油按摩以永葆青春。老普林尼建议用意大利蜡菊的花朵泡酒，以利尿通经。把花加入蜂蜜中，可以缓解烧伤和腰部疼痛。如今，这种花朵在植物疗法中经常用于合成一种可以镇痛的精油，因为花中含有乙酸橙花酯和意大利酮，可以减轻血肿。当然，意大利蜡菊的香水还被用于芳香剂治疗。我们用安贝尔 1762 年在蒙彼利埃医学院对他学生说的话总结：“在节日里，如果我们送给某人一束花，最好放入一支意大利蜡菊，这是恒久的友谊与忠诚的象征。”

花园中的不朽生命

它俗称“永久花”，“永久”一词深深吸引着我们。当我在思考其存在的价值时，想到的是它为贫瘠土地所增添的光彩。在科西嘉岛，它们被种植在古老的橄榄田中，并从中提取精油。它那咖喱般的味道总是令我惊奇。我会将它们种植在阳光充足的地方，避开冷风，土壤须是干燥的且排水良好。它会长成常绿灌木，并于花期在银灰色的叶上开出黄色的花朵。它的适应性很好（能耐受 –15℃的低温），我会在花期之后对其修剪一次，以防它开得过于茂盛而失去灌木的形状。

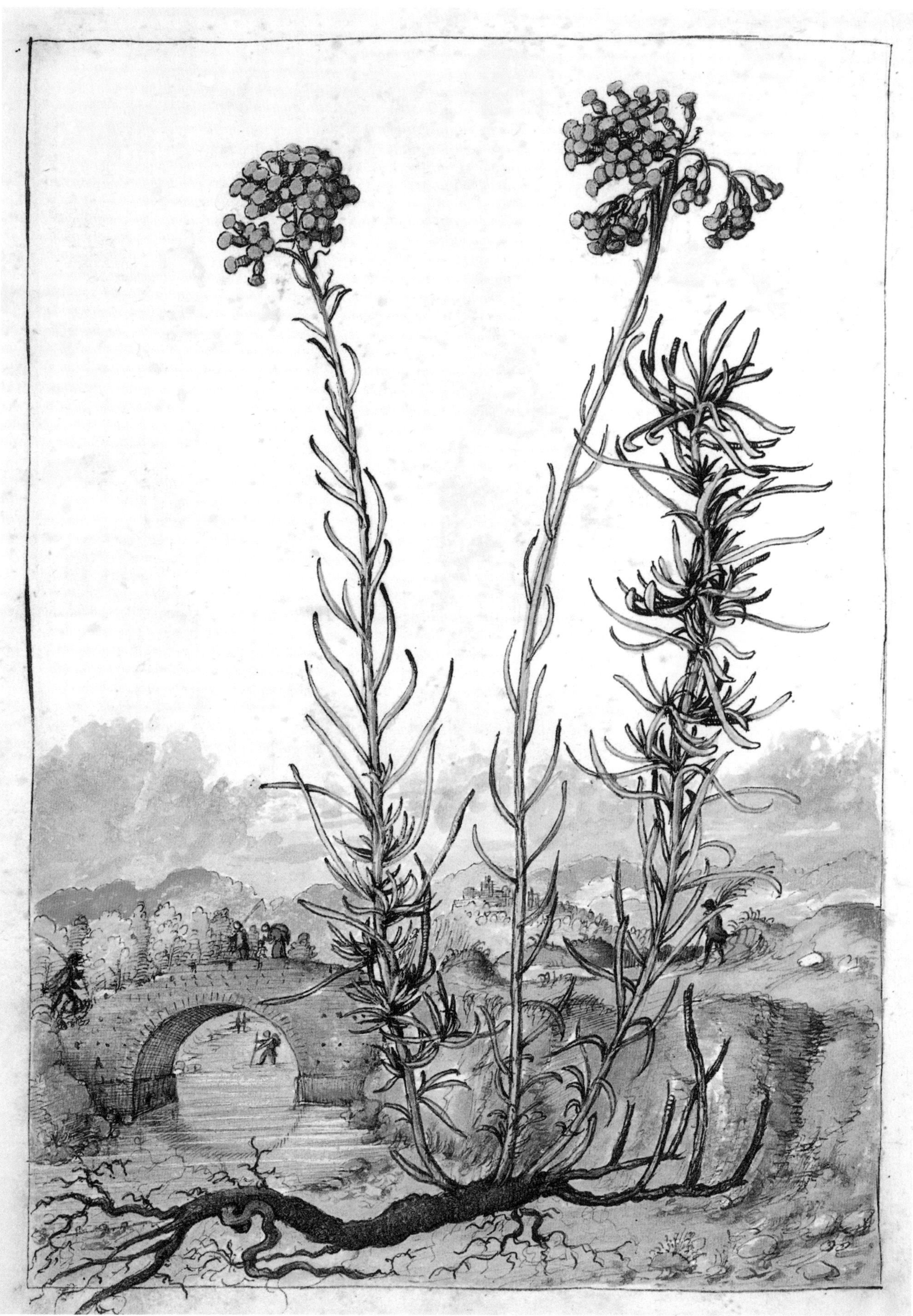

天芥菜

Heliotropium europeanum L.

植物学描述

就在太阳底下

天芥菜是紫草科（类勿忘草和药用肺草）一年生草本植物，有一个长主根。茎干高6~50厘米，多分枝，表面覆盖有茸毛。叶为浅绿色，叶柄很短，瓣片为椭圆形，二级叶脉很明显，并向顶端弯曲。花为白色或淡紫色，无柄，聚为密集的总状花序，这些花序有时会两两集结或三三集结。花冠的中心呈黄色或淡黄色。花通常无气味，除了在秋天开出的花，这些花会散发出淡淡的味道。花期在6—10月。果实是由4片心皮构成的圆形瘦果。果实落下后，花萼会留在植物上。

它的旅程

“helios”源于希腊语，意为“太阳”，“trêpein”则意为“转向”，因为古人认为它的花会一直朝着太阳的方向。天芥菜分布在田野、瓦砾和干燥的石子地中，但不能在高海拔地区生存。在法国，它数量较多，在地中海沿岸尤其常见。它广泛分布于中欧、南欧、东南亚和北非，也被引入北美地区。

种植收获物的用途

不确定的特性

插图中的场景发生在夏末，天芥菜开花了，植株上布满了种子。两个牧羊人伴着第三个人演奏的音乐跳舞，与此同时，羊在吃草，这些草随着时间流逝会逐渐变少。羊群重复走过的路会留下一条条沟壑，天芥菜很喜欢在这些地方生存。1世纪时，迪奥斯科里德斯指出，用天芥菜做成汤药服用，可以祛痰、缓解抑郁；将它熬煮得到的产物和葡萄酒混合，可以治疗蝎子的咬伤。有人认为在发热前一小时，把4格令（约0.26克）的种子和葡萄酒一起服用，可以治疗发热和疟疾，也可用3格令（约0.19克）的种子治疗间日疟（典型症状是每三天发一次烧）。如果将种子外敷于疣上（种子形似悬挂的疣），可以去除疣。在18世纪，一些江湖骗子仍在售卖天芥菜粉末，据说将这些粉末吸入鼻子可以去除鼻息肉，而那个时代的医生早已抛弃了这样的治疗方法。在19世纪，天芥菜彻底从药典中消失了。

一些已被证实的危险

这一植物含有吡咯里西啶类生物碱，其中的洋茉莉醛和毛果天芥菜碱是肝肿瘤的诱因。在澳大利亚，它可能就是诱发袋熊肝脏疾病的罪魁祸首，由于更适合袋熊的食物消失，这种有袋动物转而食用天芥菜。如今，将近85%的穆里兰地区（靠近阿德莱德）的袋熊都成了这一疾病的受害者。同样发生在澳大利亚，来自欧洲的迅速繁殖的天芥菜污染了草料，真正对羊、牛和马的健康构成了威胁。

臭铁筷子

Helleborus foetidus L.

植物学描述

离眼睛很近，离鼻子很远

臭铁筷子是毛茛科多年生草本植物，全身无毛。它的奇特之处在于形状各异的叶以及生长模式。茎干高 30~70 厘米，基部几乎都是木质的，基部的叶具有明显的纹路。茎干的上部有丰富的叶。基部的叶有很短的鞘和很长的叶柄，被分成 7~11 片瓣片，每一瓣片都很长，边缘有密集的锯齿。茎干上部的叶鞘更大，叶柄和瓣片则更小。越高的地方，叶鞘越宽，其顶端有几片窄裂片支撑着瓣片。花呈浅绿色或浅红色，顶端有一片鲜红色的区域。在开花的时候，这些萼片彼此靠近，只在果实长成的时候彼此疏远。一些浅绿色腺体处在植物顶端，使得花有一种令人不太愉快、却很标志性的气味。花瓣进化成蜜腺管，顶端开放，且比雄蕊要短一半。花期在 1—4 月。果实为长度大于宽度的蓇葖果，突出部分相当于果实长度的一半。

寻找杀手

“helleborus”源于希腊语“helleboros”，由“helein”（意为“杀死”）和“bora”（意为“牧场”）组成，可见臭铁筷子的有害性。这一植物可以在山丘、路边或岩石地上生长，也可以在林木茂盛的地方、灌木丛或石子地上繁殖，通常在海拔 1500 米以上它就无法生存了。它可以在各种不同的土壤中成长（页岩、石灰质、圆砾土等等），在法国大部分地区都有分布，然而我们很难在南部的海滨地区遇到它。它也分布在西欧、中欧，甚至叙利亚。

种植收获物的用途

一种古老的抗抑郁药物

插图中，两个采摘者到达一座岩石山的山顶，那里流淌着一条小溪。其中一人把挖出的一株臭铁筷子递给他的同伴，并用手指着这棵他们一直寻找的植物。在 1762 年，安贝尔教授在蒙彼利埃医学院研究臭铁筷子的特性：“臭铁筷子是一种强劲的催泻药和治疗脑部疾病的药物。古人用它们成功治愈了脑部疾病，特别是癫狂症、抑郁症和谵妄，而如今我们已经不用它来治疗此类疾病。用臭铁筷子的白色根部磨成的粉会让人打喷嚏，帕努奇日把粉末撒在手帕上，把它拿到同伴中间甩动，于是就制造了一出喷嚏合奏。”

冬季美丽的存在

二十年前，我在英国发现了臭铁筷子。我带回来一些，并种在半阴的斜坡处。几年之后，它们就完全适应了那里的环境。它们会在 1—4 月开出我很喜欢的绿色花朵，我从未料到这一颜色会如此流行。它的适应性很好（能耐受 –25℃的低温），且喜欢生长在肥沃、富含腐殖质、中性或碱性的土壤中。“韦斯特 · 弗利斯”（Wester Flisk）是我最喜欢的品种，因为它有鲜红色的茎干和叶柄。

羊膻金丝桃 / 贯叶金丝桃

Hypericum hircinum L. / *Hypericum perfoliatum* L.

植物学描述

一株味道像山羊，另一株把自己藏起来

这两种金丝桃都是金丝桃科（在法国，金丝桃属是唯一的家族代表）多年生植物。

羊膻金丝桃：一种近灌木状、有轻微木质化倾向的植物。茎干高达 2 米。整株植物会散发出一种异味。叶呈三角卵形，对生，无柄。花为黄色，雄蕊聚为 5 簇，且比花瓣更长。花期在 6—9 月，果实为蒴果。

贯叶金丝桃：一种草本植物，茎干高 20~80 厘米，直立，且被 2 条比较明显的纵向带状物。叶为椭圆形、长方形或线形，叶片上点缀着几十个半透明腺体，因此显得光彩夺目。花为黄色，聚为舒展的圆锥花序，雄蕊要比花瓣短。花期在 5—9 月，果实为蒴果。

一个隐匿，另一个显现

“hypericum”是希腊语词“hypo”（意为“在……之下”）和“erëikè”（意为“欧石楠”）的结合，可以翻译成“经常生长在欧石楠下的植物”。

羊膻金丝桃：这一物种在法国分布呈点状分布，且仅限于在低海拔地区。我们可以在克罗斯岛上发现它，同样也可以在东比利牛斯山、英吉利海峡、安德尔－卢瓦尔省等地区找到它的聚集地。它在西班牙、意大利、希腊、土耳其以及沙特阿拉伯同样也有分布。

贯叶金丝桃：这一物种是法国最常见的金丝桃属物种之一。它不太能在海拔高于 1600 米的地方生存，但可以给无数野地、路边、树林、残墙和山丘增光添彩。它的分布非常广，我们可以在西北亚、中国北部、南美以及北非遇见它。

种植收获物的用途

猎杀魔鬼的天使植物

自古以来，金丝桃属所有物种开花的枝梢都会被列入很多补药和促愈合药的配方中。金丝桃也同样可用于线、羊毛和丝绸的染色，可以从它的花瓣中提取黄色染料，从它的柱头和果实中提取红色染料。在中世纪和文艺复兴时期，其叶和花的汁液被用于愈合伤口。它的种子捣碎后和白葡萄酒混合，可以缓解间歇性发热，例如间日疟。在 19 世纪初，以金丝桃为基础的制剂仍然在市场上流通，因为它们可以治疗长期性卡他性炎症和某些痨病。在 1815 年，极具批判精神的医生、植物学家肖默东反对一切与金丝桃有关的正面观点，根据他的说法："我们对金丝桃几近痴迷，以至于要赋予它驱逐附身的魔鬼的完美秉性，就像它的名字'fuga daemonum'所指的那样，而这个名字不过是人们在无知和野蛮的年月为这种植物而起的。"整整一个世纪之后，金丝桃才在植物疗法中被平反昭雪，并用于治疗抑郁症。

陡坡上全是火焰

我注意到，较小的植物喜欢阳光充足的地方，而较大的植物则可以适应半阴的状态，因为它们的色彩可以弥补光源的缺陷。我会种一些金丝桃，让它们在斜坡和花园中的犄角旮旯处形成地被，这些地方的土壤并不是很肥沃，但还算凉爽且排水良好。至于它的品种，园艺师拥有非常多的选择；于我而言，我会选择展萼金丝桃（*Hypericum lancasteri*），它会开出亮黄色的花朵。我会修剪它，使它恢复生长活力。它的适应性非常好（能耐受 -20℃的低温），在 6—10 月可以不间断地开花。

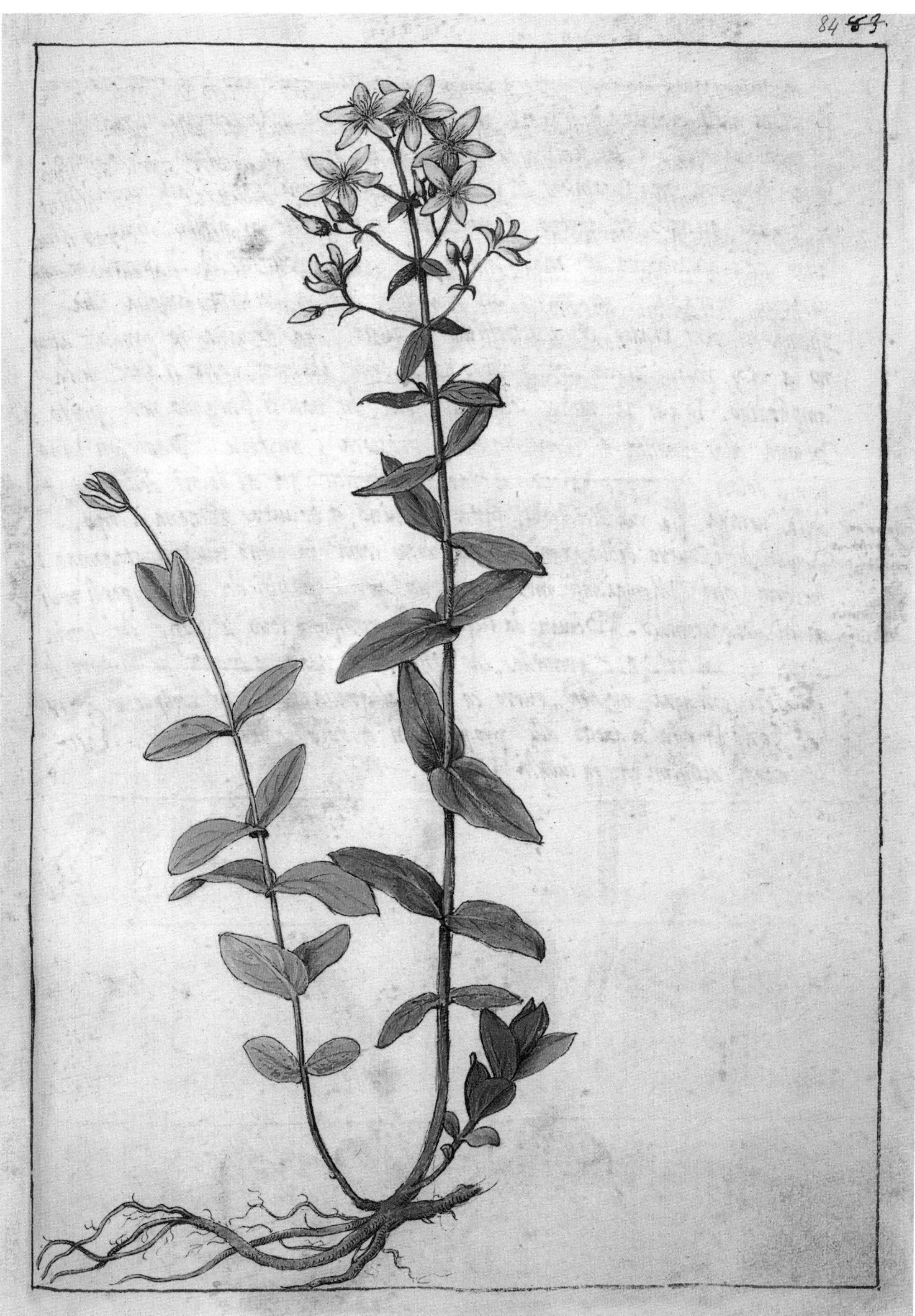

红籽鸢尾

Iris foetidissima L.

植物学描述

珊瑚般的果实

红籽鸢尾是鸢尾科（类唐菖蒲或番红花）多年生草本植物，有块茎。茎干有花，高 40~80 厘米。叶如剑形，直立，基部有叶鞘。叶呈亮绿色，有臭味，揉搓后有大蒜味。浅蓝色和浅黄色的花，常两两或三三聚集于花轴。苞片长而尖，边缘呈膜状。浅蓝色的萼片外卷。花瓣较短，呈浅黄色，长度略超柱头。子房比花管长约 2 倍。果实是卵状三角形的蒴果，打开后会看到部分肉质、鲜艳的珊瑚红色的种子。

彩虹般的花朵

红籽鸢尾花朵五彩缤纷，名字来源于希腊语中的“iris”，意为“彩虹”。这种颜色的多样性因物种所经历的多次选择而增强。它主要生长在低海拔地区，不均匀地分布于整个法国，在大不列颠岛、欧洲西南部、高加索地区、阿富汗以及北非也有分布。

种植收获物的用途

它很臭，但——

图中的红籽鸢尾长在半阴处，离流水很近，这是它最喜欢的环境，后面是一片有岩穴和塔楼的海岬，风景引人入胜。与迪奥斯科里德斯同期的植物学家称它是“野生的”；而德国鸢尾或花园鸢尾则被称为“人工栽种的”。采摘后，红籽鸢尾的根部会散发出难闻的气味，它由此得名。这些鸢尾因其根部的诸多用途而闻名：止咳、助眠、解毒、解痉、助产。据说在小孩长牙时往脖子上挂一块红籽鸢尾根可让他们平静。

给水边添彩

近距离观察红籽鸢尾给了我种植日本鸢尾的灵感。看到这两株植物光滑发亮的叶子时，我明白日本鸢尾与它的欧洲表亲一样，需要阴凉潮湿的环境。自此之后，它们生长旺盛，在 4—5 月开出灿烂的蓝色花朵，边缘很薄，轻盈得像云朵，萼片有橘黄色的脊。它们的适应性一般，能耐受 –10℃的低温，冬天我会用稻草包裹它们以御寒。我建议在春天或秋天没有霜冻的时期种植，种植时需把它们插在 2 厘米深的土中，还要成组种植，这样他们在第一年就能长成簇。我也会种植其他适应水域的鸢尾，其中就有燕子花（*I.laevigata*），它的茎干有花，高 80 厘米，在初夏时节优雅地以蓝紫色的身躯点缀着河流。它们的适应性非常强，能耐受 –20℃的低温，充足的阳光以及呈弱酸性、富含腐殖质、潮湿甚至浸水的土壤就足以让它们绽放。我建议在秋天的时候种植，这样它们的根部才有时间在春天来临之前发育。如果茎干过于密集，则需要分根。不同品种的鸢尾提供了不同颜色的选择。美丽的玛黑鸢尾（*I.pseudoacorus*）也同样不可忽略，它的茎干高达 150 厘米，在 6—7 月开出亮黄色的花。它的种植条件同燕子花一样。

德国鸢尾

Iris x *germanica*

植物学描述

一把温柔的利剑

德国鸢尾是鸢尾科（类唐菖蒲或番红花）多年生草本植物，有块茎。茎干中空，有花，高 40~80 厘米。叶呈绿色，有时略泛海蓝色，直立，上部呈拱形，基部有叶鞘。叶总体呈剑形，比有花的茎干分枝短。花为紫蓝色，有芳香，无柄或几乎无柄，单生或两两或三三聚成一组，并被不规则的苞片所包围，苞片的下部为绿色，上部为棕色且呈膜状。花被形成一条管，长于子房。萼片带刺，自基部起逐渐缩小。花瓣在基部逐渐变窄，比柱头长，柱头在顶部会变宽并且分成两个裂片。德国鸢尾在 4—7 月开花。果实为蒴果，形状是近三角形的椭圆形。

这里和那里

德国鸢尾在法国得到了广泛的种植。它们可以适应很多地方，例如岩石地区、墙上和山丘上。这一植物在中欧、南欧、西亚和北非都可以见到。

种植收获物的用途

就像紫墨水的香气

自古以来，德国鸢尾就因具有与红籽鸢尾同样的医用价值而出名。另外，它的根气味宜人！调香师会用它来制作用于调配女士香水的粉末和软膏，就像他们使用佛罗伦萨鸢尾的根部一样。在 17 世纪，让・德・勒努推荐一种精油的配方，其基础就是德国鸢尾的花。作者称从鸢尾根部提取的油为鸢尾油，发现它可以活化、软化、舒缓、消化、分解、疏通，还能去除耳朵里的叮叮声……不难想象这说的就是耳鸣。它也因可以美白牙齿和皮肤而闻名。如今，似乎只有变色鸢尾（*Iris versicolor*）还用于植物疗法。

德国鸢尾？疯了吧！

园艺师最大的快乐之一就是在专业苗圃提供的庞大鸢尾植物库中寻觅。这些品种加起来有 100 多种，呈现出一块不可思议的调色板，其中一些有时看起来很不真实或者很不寻常。这些品种的适应性都很强（能耐受 –20℃的低温），并且在 5—7 月开花，这些花都会开在高达 100 厘米的花葶中，且常常香气四溢。它们需要中性土壤，其中需含有少量石灰质，还需排水良好且阳光充足。如果只有重壤土，那么在种植的时候需要再添加一些沙子。最好是在 7—9 月的时候进行种植，这可以让块茎在春天到来之前有时间长出根部。种植块茎的时候要让它的一部分露出土壤，使它可以迎接中午的太阳。一旦花期结束，就需把花葶压到离地面约 10 厘米处，然后到了秋天，剪去枯萎的叶片。每过 4 年，土壤的营养就消失殆尽，此时必须拔出块茎并将其切分，然后重新移栽到其他地方去。

新疆千里光 / 千里光 / 欧洲千里光

Jacobaea vulgaris Gaertn. /*Senecio ovatus* (P. Gaertn., B. Mey. & Scherb.) Willd. /
Senecio vulgaris L.

植物学描述

黄色……三种黄色

这三个物种都是菊科（类蒲公英或款冬）一年生、两年生或多年生草本植物。

新疆千里光：茎干无毛或被短柔毛，高 30~100 厘米。叶呈长圆形，深裂，呈锯齿状。下部的叶有柄；上部的叶无柄且基部环抱。头状花序聚成伞房花序，呈黄色，宽度为 15~25 毫米。花期在 5—9 月。果实为瘦果，其上有白色冠毛。

千里光：茎干高 50~150 厘米，无毛。叶完整，呈长方形，其边缘有锯齿。头状花序为黄色，聚为松散的伞状花序，其上有 3~5 朵舌状小花。花期在 7—8 月。果实为瘦果，有白色冠毛。

欧洲千里光：一年生植物，茎干直立，多分枝，高 20~40 厘米。叶无毛，或被短柔毛，分裂为大小相同且带锯齿的羽状裂片。下部的叶有叶柄，上部的叶无叶柄且基部环抱。头状花序为黄色，有管，较小，通常全年开花。果实为瘦果，有白色冠毛。

“常青老人”

“senecio”源于拉丁语“senex”，意为“老人”，因为这些植物果实上的白色冠毛会让人想起老人的胡子。

新疆千里光生活在草原、树林、斜坡、路边，有时在潮湿的地方以及欧洲、北美、新西兰的沼泽中。它是一些美丽的蝴蝶幼虫的宿主，对于牛和马有潜在的毒性。它含有损害动物肝脏的生物碱，这是让很多动物中毒的罪魁祸首。

千里光生长在法国的山间森林和林中空地的边缘地带，大量分布于比利时、瑞士以及中欧地区。

在法国，欧洲千里光分布于田野、野地、古墙、果园、花园以及斜坡上，有时甚至可以在海拔高达 2000 米的地方生存。我们同样可以在整个欧洲（除了欧洲最北的地区），北亚和中亚、北非以及北美遇见这种植物。

Verbena altra. Ecc.te p saldar le ferite
43. 4

种植收获物的用途

成败参半

前面一幅插图中的风景和前文中一幅描绘小米草及其周边岩石眼窗美丽画作中的风景是一样的。如天芥菜，新疆千里光和千里光被置于一片牧场之上，牧场的地上留有羊群反复踩踏形成的小路。第二幅图将欧洲千里光置于一片有河流的风景中，其后伫立着坚固的城堡，城堡上方的一个烟囱冒着浓烟，这是不是为了告诉人们有危险？无论欧洲千里光是否有所谓的润肤、清凉、驱虫功效，安托万·古安在 1804 年都已经指出，人们不仅把它做成糊剂或敷剂，还将其和奶一起煮，以治疗咽炎、乳腺炎、睾丸炎以及儿童腹泻。他接着指出，其他品种的千里光没有医用价值。如今，千里光已经不再用于医疗，因为它含有有毒的生物碱成分，例如吡咯里西啶类生物碱，它是肝脏肿瘤的诱因之一。所有野生的千里光对于家畜而言都是有毒的，特别是当它们出现在草料中时。只有兔子酷爱这些植物。

几株深受花园欢迎的植物

在 1500 种千里光属的植物中，有那么几种特别具有观赏价值，因而成为花园的常客。多肉植物的爱好者可以在专业苗圃中找到所有适于盆栽的品种，其中最奇怪的就是翡翠珠（*Senecio rowleyanus*），它的叶片像珍珠一样附在茎干上。在多年生的植物中，多齿千里光（*Senecio polyodon*）在整个夏天都开放，它的花呈玫红色或品红色，会让人想到小雏菊。在海边的花园里灰背叶常春菊（*Senecio greyi*）可以抵御咸咸的海水，它的花为亮黄色。这些千里光都需要阳光，且能很好地适应贫瘠的土壤（甚至是富含石灰质的土壤），只需排水良好即可。另外，最好是把它们种植在石子山上。

57 54

欧洲齿鳞草

Lathrea squammaria L.

植物学描述

古怪的植物！

欧洲齿鳞草是列当科（类小米草或山萝花）多年生草本植物，寄生性导致它拥有奇怪的外表。这一植物的块茎多分枝，可进行无性繁殖。块茎表面覆有很多白色的多肉鳞片，枯萎后变成黑色且相互交叠。土壤以上的可见部分只有花序，因为这一完全寄生性的植物没有任何叶绿素合成系统（它寄生在其他植物上，无需通过传统的光合作用获取生长所必需的能量）。花序高 8~15 厘米，有很多花、鳞片以及一些宽且薄的苞片，苞片在茎干上轻微下坠。花为白色，有时略呈亮红色，聚为总状花序。花萼被短柔毛，有腺体，且比管状花冠短。花柱呈浅红色，比管状花冠长几毫米。花期在 3—5 月。果实为圆形蒴果，内含种子。

地下的吸血鬼

“lathraea”源于希腊语“lathraia”，意为“躲藏”，因为这一植物在土壤之上可见的只有花序。在花期以外，它会躲在地下，依靠块茎以及根茎结构存活。根茎结构的吸根主要寄生在枫树、橡树、栗子树、杨树、桤木、榛子树、葡萄树和常春藤上。我们可以在法国大部分的潮湿地区和多荫山丘遇见欧洲齿鳞草。它不能在高海拔地区生存，因此在整个欧洲地区、西南亚、西亚以及喜马拉雅山脉的分布都相对较少。

种植收获物的用途

一个美味的小故事！

在雅克·达勒尚的著作（1653 年被翻译为法语）中，他称自己既没有在古希腊语、拉丁语、阿拉伯语、土耳其语、波斯语文献或当时的医学文献中，找到这个被他称为“地下草”（Herbe clandestine）的可引用的资源。1578 年，他在布尔戈斯（Burgos）第一次看到这种植物，然后了解到它在西班牙这一地区非常常见，并被人们称作“Madronna”，即“子宫之草”（Herbe de la matrice）。之后，他发现那些不能生育的妇女会把欧洲齿鳞草和面粉混在一起，然后将混合物用黄油煎炸，做成炸糕来食用，这样她们就可以通过上帝的帮助摆脱不育的困扰。达勒尚称他已经观察到了这一植物的药效。很明显，19 世纪那些具有强烈批判精神的科学家免不了会嘲笑达勒尚的那些观察……

奇怪且稀有

欧洲齿鳞草安逸地生活在下诺曼底大区和法兰西岛。它不是花园中的植物，却能够在 3—5 月开出穗状的花朵，花呈迷人的紫红色，由于它没有茎干，因此花就像刚从土中开出来的一样。它生活在树林、丛林和花园的桤木、榛子树、杨树、柳树下，喜欢潮湿阴暗的环境。因为长得像番红花且易于栽种，它在英国被当作观赏性植物种植，但有时要等上 10 年才会开花。

禾本独行菜

Lepidium graminifolium L.

植物学描述

家独行菜的近亲

禾本独行菜是十字花科（类白菜或荠菜）多年生草本植物，无毛或被短柔毛，有浓烈的气味（它是家独行菜的近亲），根部为短块茎，可以保证无性生殖的进行。茎干细长，硬直且舒展，多分枝，高30~100厘米。下部的叶呈披针形，有锯齿，且伴有分裂，甚至可能分裂为羽状复叶。上部的叶较长且完整，基部没有叶鞘。花为白色，较小，聚为总状花序，尖端或侧面有分枝。花瓣长于萼片。花期在6—10月。果实为卵球形的无毛短角果，有尖，无凹痕且没有翼瓣，花梗比果实长2~3倍。

真正的野孩子

“lepidium”派生自希腊语“lepis”，意为“贝壳”或“鳞片”，这表明了其短角果的形状。禾本独行菜生长在瓦砾、墙角、水边的陡坡、河畔以及野地上。它在整个法国均有分布，但在法国北部较少。它也同样分布在中欧、南欧、西亚以及北非地区。

种植收获物的用途

深入治疗

迪奥斯科里德斯和盖伦建议用禾本独行菜的根部来缓解坐骨神经痛。将其根部和脂肪一起熬制成糊剂，敷在患处4个小时，之后再用一块浸了油的呢绒布料将患处包裹起来。1836年，朱利亚·德·丰特奈尔教授曾遗憾地表示，这一植物本可以用于治疗坏血病，却无人问津。他建议让病人服用禾本独行菜叶浸泡的水，也曾指出用其捣碎的叶制成糊剂可以缓解坐骨神经痛，还主张将其根部制成果浆，涂抹在患有痛风的关节处。

橙花百合

Lilium bulbiferum L.

植物学描述

生命的策略

橙花百合是百合科多年生草本植物，有黄白色鳞茎，其上可长出一颗替代鳞茎以保持常青，也可以长出一些鳞茎进行无性繁殖。球茎中可长出单枝、直立、稍带棱角的茎干，高 40~90 厘米。叶呈螺旋状排列。叶片呈窄披针形，顶端较尖，5~7 条平行叶脉。茎干上部叶片的叶腋处有深色圆形珠芽。花朵呈橘黄色，缀黑色小点，独生、顶生或聚在顶端可容纳 2~5 朵花的总状花序中。花梗有毛，由一个比叶片更宽的小总苞支撑。被片呈椭圆披针形，表面覆茸毛。花瓣比萼片宽，基部非常窄。花期在 7—8 月。果实为卵球状蒴果，有 6 个圆角。

美丽的山里人

“li”源于凯尔特语“celte”，意为“白色”，指百合的颜色；“bulbiferum”意为“长出球茎”，因为它的叶腋处会长出珠芽，脱落时可完成无性繁殖。在法国，这种极具观赏性的植物可存活于海拔高达 1900 米的阿尔卑斯山上。它也分布在瑞士、意大利、德国、捷克和罗马尼亚，尤喜生长在岩石区。

种植收获物的用途

美丽的治疗

希腊人用百合花制成的软膏和油治疗神经损伤。百合的叶片敷于蛇咬伤处可解蛇毒；煮沸后可缓解烧伤；泡在醋里可使伤口愈合。12 世纪，希尔德加德·冯·宾根（Hildegarde de Bingen）将叶和根切碎，制成医治皮疹和脓肿的软膏。1624 年，勒努称百合除了可以入药，其叶中提取的汁液还可用于面部美白和除皱。

花园中的王子

6 月底到 7 月初的时候我总是很开心，因为可以看到庄严的圣母百合（*L. candidum*）在花园长长的混合花坛中盛开。此时正值下午，它高高的茎干上自信地挂着小号状的纯白花朵，有着金色花药和迷人香味。它的耐寒性很强，能耐受 −15℃的低温，喜欢阳光充沛或半阴的环境，需要肥沃、含有石灰质且排水良好的土壤。其他百合的球茎在春天种植，而它的球茎则在秋天种植。我也会把岷江百合（*L. regale*）列为我花园中的明星花朵之一。它原产于中国，非常耐寒，能耐受 −20℃的低温。它喜欢略阴暗的环境和肥沃的土壤，会在 7—9 月长出很多非常香的带棕红色的白花（12~15 朵）。我也同样迷恋一种长有粉色花朵和橘黄色花药的“粉完美”（Pink Perfection），在几年的时间里，它会在大门外的小花园中开出大量花朵。2017 年，我将一些橙花百合种在花盆中，7 月中旬可赏花。我建议把它们种在小花园或露台上。但要小心，一旦出现甲虫（一种非常显眼的鲜红色鞘翅目昆虫），就要使用高效的生物杀虫剂——苏云金芽孢杆菌（*Bacillus thuringiensis*）。4 年后，必须挖出百合的球茎（否则随着时间的推移，球茎会深植于土地中），之后将它们切成几块，重新种在 10 厘米深的土壤里。

欧洲百合

Lilium martagon L.

植物学描述

被保护的物种

欧洲百合是百合科多年生草本植物，有浅黄色鳞茎，从中可以长出直立的、布满茸毛的茎。茎干高40~120 厘米，上面点缀着由 5~10 片叶组成的轮生体。叶由短叶柄支撑，瓣片为长椭圆形，较窄，有尖。一些较小的互生的树叶会长在茎干的顶端。花序为顶生总状花序，其中有 3~8 朵花。花呈玫红色，表面点缀紫色斑点，带有披针形的苞片。花由弯曲的花柄支撑。萼片和花瓣向上翘起，并被茸毛。花期在 5—7 月。果实为梨形蒴果，且有 4 个角。

存有争议的词源学

“li”源于凯尔特语，意为“白色”，因为欧洲百合的花带白色。而“martagon”可能源自土耳其语的“martagan”，意为“头巾”，但另有人认为其拉丁学名的这部分说明了炼金术士在这种百合和火星之间建立了联系。通常，这一令人称奇的物种分布在树林的边缘和山区的开放地带，喜好富含石灰质的土壤。在法国，我们可以在阿尔卑斯地区看到很多欧洲百合，在那里它最高可以在海拔 2600 米的地方生存，在比利牛斯山脉、孚日山脉、汝拉山脉、中央山脉、科多尔省和阿列省也有分布。在野外，大量欧洲百合遭到了采摘和破坏，因此变得越来越脆弱和稀少，在一些地区它已经成为保护植物。欧洲百合也在中欧、南欧、高加索、西伯利亚地区和日本有分布。

种植收获物的用途

金色的根

在一个天气晴朗的夏日，老师和学生走在山间，他们离戒备森严的古堡及其上空的鸟群还有一定的距离。他们到了一个向阳的开阔斜坡，学生挖出一株欧洲百合并高兴地向老师展示。它的根有时被叫作“金色的根”，是一种可食用的鳞茎，可用于烹煮并配合大麦或面粉食用，这在某种程度上解释了它们为什么会被大量采摘。

美丽而经济

在这株开花的欧洲百合右边，是一部分被摘下来的珠芽，它会被重新种回地里，并长成新的欧洲百合。如今，这种繁殖技术被很多园艺师所推崇，因为他们可以用最低的成本进行增殖。我在花盆中种了一些欧洲百合的鳞茎，在 7 月就会开花。我也推荐将它种植在小花园和露台上，就像种植橙花百合一样。但要小心，一旦出现甲虫，就必须喷洒苏云金芽孢杆菌。4 年之后应挖出欧洲百合的鳞茎，否则它会由于年深日久逐渐陷在土地里而无法拔出。然后将鳞茎切成几份，再种到土壤中约 10 厘米深处的地方。

81

欧洲柳穿鱼

Linaria vulgaris Mill.

植物学描述

却又如此优雅

欧洲柳穿鱼是车前科（类车前草或球花）多年生草本植物，根系可生出大量不定芽，以保证活跃的无性繁殖。茎干直立，鲜有分枝，高 30~80 厘米。叶互生，基部的叶或对生或轮生。叶为灰绿色，无柄，呈长椭圆形，末端渐尖。花为黄白色，有橘黄色的花喉，聚为浓密的总状花序，花梗较短。花冠不整齐，有 2 片唇瓣、1 根长度与花管相当且微微弯曲的花距。花期在 5—10 月。果实为卵球形蒴果，内含大量带翼瓣的小种子。

被忽视的美丽

“linaria”源于拉丁语“linum”，意为“亚麻”，因为欧洲柳穿鱼狭窄的叶子形似某些亚麻的叶子。这一植物具有多种形态，其众多品种已经被植物学家所描述。我们可以在野地、田地、斜坡、铁路以及马路边发现它的存在。这一植物最高可以在海拔 2000 米处生存。它广泛分布于法国北部，在地中海地区则比较少见。我们也可以在欧洲其他地区、西亚和西南亚发现这种植物。

种植收获物的用途

绿色的是染料，黄色的是药物

采摘者坐在草地上采摘已经开花的柳穿鱼，享受美好夏日。他穿着绿色马裤，这种裤子在齐波的植物图集中第一次出现。然而，除了药用价值，欧洲柳穿鱼还可以把布和羊毛染成绿色。在 1760 年，蒙彼利埃医学院教授安贝尔在一次皇家植物园的游览中向他的学生讲述道：“据说，这一植物的名字来源于‘linaria’，意为‘红雀’，这种鸟非常喜欢它。”另一些人认为，它的名字源于它与亚麻的相似之处。在 19 世纪之前，人们会用它黄色的花做成汤剂来治疗黄疸病，同时也用它缓解结石导致的排尿困难，柳穿鱼软膏还是一种有名的缓解痔疮疼痛的药物。如今，它的药用价值已经被抛弃了。

漫长的花期

它的轮廓和花朵让我想起了金鱼草（*Antirrhinum majus*）的轮廓和花朵，金鱼草可以像田间的花朵一样使花坛和混合花坛呈现自然之美。它的适应能力很强（能耐受 −15℃的低温），且喜欢阳光充沛、肥沃、新鲜、潮湿的轻壤土。4 月，可将幼苗种植在室外。移植期间应不吝啬于浇水，这样它才能完成扎根，之后它就可以很好地抵抗干燥了。它的花期很长，且可以开放到 10 月。它还可以轻易适应石子地，但要小心，别让它们生长得过于恣意！

黏性亚麻

Linum viscosum L.

植物学描述

花的海洋

黏性亚麻是亚麻科的多年生草本植物，有粗厚的主根茎。茎干直立，有茸毛，高 10~60 厘米。叶也有茸毛，互生，均呈椭圆形，且有 3~4 条清晰可见的叶脉。花几乎无柄，花梗很短。同一亚麻品种可开出不同的花，有些花有短雌蕊和长雄蕊，另一些则有长雌蕊和短雄蕊。花聚为总状花序，花序呈穗状。萼片边缘有纤毛，长度为花瓣的 1/3。花瓣较为松散，呈粉红色并有淡紫色条纹。花期在 5—8 月。果实为小球形蒴果。

供人们织布的线

亚麻对于纺织业十分重要，并且也因此而得名，“lin”来自希腊语“linon”，意为“线”。尽管亚麻科的植物在全球都有分布，但黏性亚麻相对稀有，我们只能在滨海的阿尔卑斯省和比利牛斯地区发现它。它最高可以在海拔 1500 米的地方生存，且主要生长在草地上。在欧洲，这一植物主要在地中海地区的各个国家（西班牙、葡萄牙、意大利）分布，但是它同样也分布于更北的地区（德国、奥地利、匈牙利）。

种植收获物的用途

织月之光

早在公元前 3000 年，就有人用种植在尼罗河谷的亚麻纤维织出了一种名为“织月之光”（lumière de lune tissée）的布，这种布主要用于制作缠绕木乃伊的带子。随后亚麻被腓尼基人引入希腊，又被引入罗马和大西洋沿岸的布列塔尼大区以及英国。无论是用于制造缆绳、船帆还是各种布料（室内装饰、制作衣服所用，从“lingerie”和“linge”二词可见一斑），亚麻的潜能始终在被发掘着。古代医生认为亚麻具有药用价值，并鼓励用它的种子缓解和治愈各类体内炎症和体表炎症。19 世纪之前，从种子中提取出的亚麻油因可以去除脸上的斑点以及可用于油画而闻名。从营养学的角度来说，从其种子中提取的油可提供丰富的 α – 亚麻酸，这是人体必需脂肪酸—— ω –3 脂肪酸中的一员，可以预防心血管疾病。

诺曼底之蓝

在脑海中，我想象在风中起伏的一片蓝色亚麻田，坐落于诺曼底平原，在科坦登半岛之外。在我家，黏性亚麻就长在一片花团锦簇的草地上，这块地在花园的入口处。那里的轻壤土不太肥沃，富含腐殖质，排水良好，并且阳光充足。一开始，我对亚麻短暂的花期感到失望，它们在早上开放，到中午 11 点就凋谢了。我通过引入其他一些品种来解决这一问题，例如引入宿根亚麻（*Linum perenne*），这一多年生亚麻的花朵会在夏天逐渐开放，它的适应性也很好，还可以自行播种。

小花紫草

Lithospermum officinale L.

植物学描述

它开花，它成长……

小花紫草是紫草科（类勿忘草或红紫草）多年生草本植物。茎干有花，粗糙，多分枝，多茸毛，高30~80 厘米。发达的地下茎可以保证无性繁殖。其上部的叶为深绿色，下部的叶则呈灰绿色，叶上的二级叶脉和主叶脉都较为突出。叶全身布满细、硬的短毛。中部和上部的叶无柄，但它们长椭圆形的瓣片在基部会逐渐变窄。下部的叶更小，且有叶柄。花较为隐秘，呈白色或黄白色，聚为密集的总状花序，在花期会逐渐变长。它们的花梗很短，花萼有茸毛，萼片尖而长。花期是 5—7 月。果实为光滑的白色瘦果，呈小球形且质地坚硬。

像石头一样的果实

“lithos”，意为“石头”，而“spermum”在希腊语中意为“种子”，这两个词合成了这一植物的名称，因为它的种子像石头一样坚硬。在法国，小花紫草只生长在山丘及荒地上，但它也在海拔 700 米的地方零星出现。这一植物在整个欧洲都有分布，同时我们也可以在西亚、北亚和北美（引进并驯化它的地方）遇见它。

种植收获物的用途

枫丹白露的下午茶时间

两个采摘者前往小树林寻找小花紫草，也许他们已经在水边或在他们正穿过的草地上找到了一些。这一场景发生在 6 月或 7 月，这个时节的小花紫草已经开花，并且结出了种子。小花紫草的使用价值和红紫草是一样的。迪奥斯科里德斯和普林尼都认为，将它的种子和白葡萄酒一起服用，可以粉碎结石、促进排尿。1586 年，雅克・达勒尚在小花紫草前发出了赞叹，他把这一植物比作金银手工匠的作品，因为它的每一粒种子像珍珠一样都镶嵌在叶子上。加斯东・波尼埃（Gaston Bonnier）在其著作《伟大的彩色花朵》（*La Grande Flore en couleurs*）中指出，这一植物的叶和顶芽可以制作类似于茶的饮料，这种饮料名为“枫丹白露茶”。他同样指出，小花紫草的地下茎和根茎的外部会分泌出一种红色物质，在北欧会被用作胭脂或黄油色素。

再发现

如今，小花紫草的种子、叶和根茎被用于植物疗法，因为它们具有利尿和溶解胆结石和肾结石的功效。一些基于紫草的疗法也被用于缓解风湿和痛风。

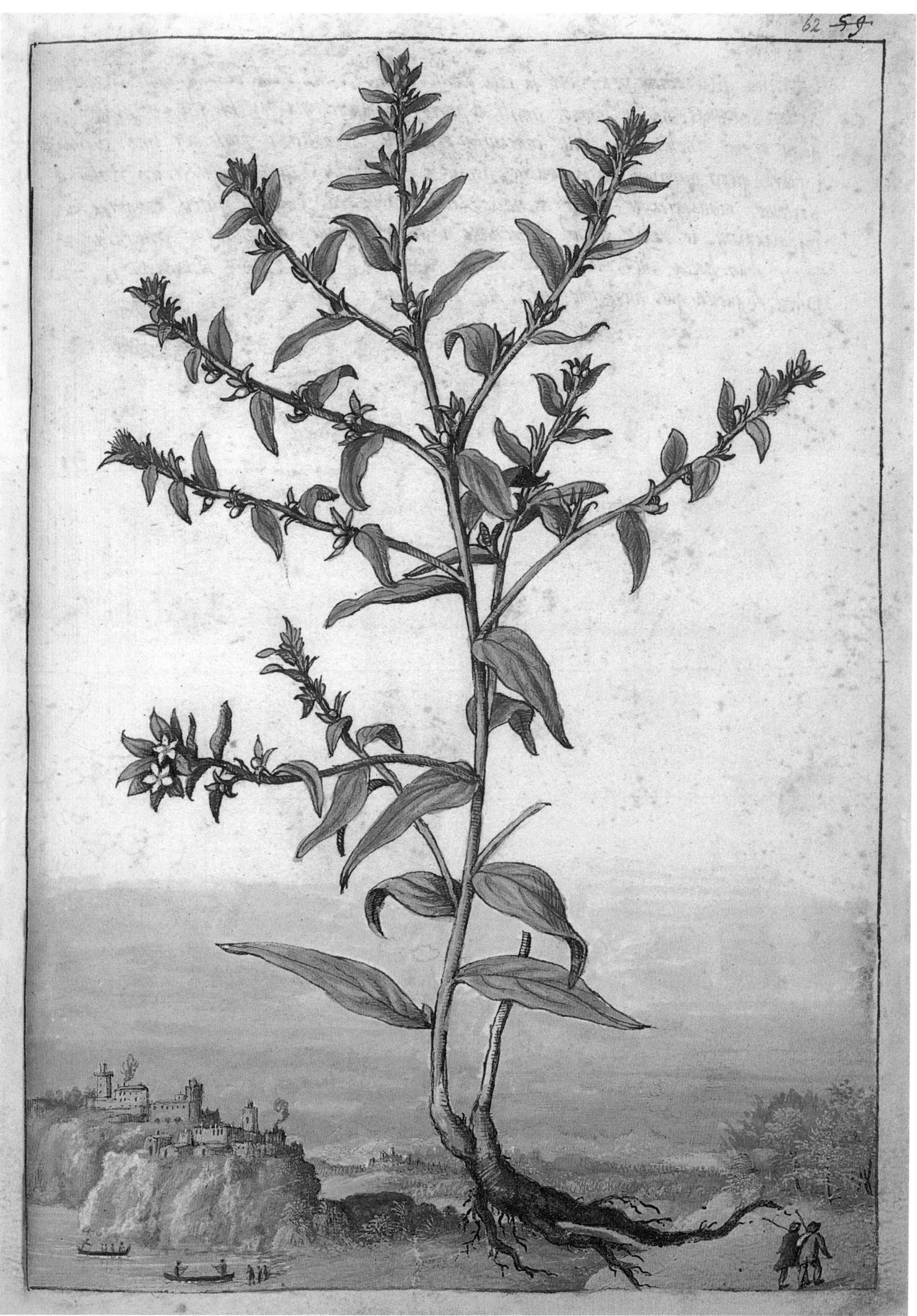

肺衣

Lobaria pulmonaria (L.) Hoffm

植物学描述

眨眼的植物

这一肺衣科的地衣为叶状，很大，且为深绿色。叶状体可达 30 厘米及以上，规则地分为窄裂片，顶部裂口通常宽 1~3 厘米。叶状体的上部有褶皱和小泡，有时会表现为网状和蜂窝状，就像肺泡，它的名称即来源于此。它在潮湿时呈亮绿色，干燥时呈卡其色或灰绿色。下部颜色较浅，边缘呈白色。子囊盘很少有饱满的时候，它们处在叶状体的细边缘处，呈橘黄色，像肾脏形的小灯泡。肺衣靠形成繁殖体来实现繁衍。

美丽的联盟

肺衣拉丁学名中的“lobaria”源于希腊语“lobos”，意为“裂片”。这个名字来自其叶状体明显的深裂结构。这种地衣经常与蘑菇、藻类相联系，但在叶状体内还有它的第三个伙伴：念珠藻属的蓝藻细菌。由此可见，这种地衣是共生体，与真菌、植物和细菌一起生存。它通常生长在较为原始的森林中，长在阔叶植物的树皮上和潮湿的岩石上。这一植物对于污染非常敏感，是完美的生态指示物种。这种对于污染的敏感性还与人们在自然界中的过度采集有关，这也解释了为什么这一植物的数量在分布区域逐渐减少，以及其在数个国家的濒危情况。肺衣在欧洲、亚洲、北美和非洲均有分布。

种植收获物的用途

啤酒或浸剂

在这幅插图中没有采摘者去采摘橡树树干上的肺衣。苔藓的存在表示画中的一切发生在北方。如图所示，肺衣会受到野兔的青睐，但它也具有一些自古代起就广为人知的医学价值。迪奥斯科里德斯提到，它的形状像肺，这使得它被用于治疗呼吸系统疾病。牧羊人会将其捣碎在盐水中，给那些呼吸困难或有哮喘的羊喝。1838 年，约瑟夫·洛克（Joseph Roques）指出，我们也可以称它为孚日茶（thé-des-Vosges），因为它具有收敛性，所以也将其制成浸剂、煎剂或浆液服用。据他所说，西伯利亚的一所修道院中的僧侣会把这种植物制成美味的啤酒。它还经常以地衣之名被用于顺势疗法，可以减轻肌腱炎引发的疼痛，缓解咳嗽以及治疗呼吸系统疾病。

珍贵的指示物种

肺衣是一种珍稀且容易识别的地衣。它对污染非常敏感，但已逐渐从法国北部消失。考虑到它需要 20 年才能重新繁殖，在这些地区再次看到它之前，我们最好保持耐心。如今，在下诺曼底和高诺曼底地区它已经被列入濒危物种名单。尚塔尔·范·哈鲁温（Chantalvan Haluwyn）和朱丽叶特·阿斯塔（Juliette Asta）在他们有趣的《法国地衣指南》（*Guide des Lichens de France*，2009）中指出，肺衣现在被用于计算森林生态连续性指数。

多年生银扇草

Lunaria rediviva L.

植物学描述

香味

多年生银扇草是十字花科（类荠菜和家独行菜）多年生草本植物，有块茎，可保证新茎干的生成。茎干高 40~120 厘米，多分枝，被短柔毛或几乎无毛。叶是偏深的绿色，有着明显的叶柄，呈心形，边缘有不规则的细锯齿。花呈紫色，有香味，聚集在簇状的总状花序中，开花的时候，花序直径不小于 1 厘米。花瓣上有颜色比花冠更深的纹理。花期在 5—7 月。果实为椭圆形的短角果，两角处会逐渐变尖，由比真性花梗更长的假性花梗支撑。成熟的果实长 3~4 厘米，表面有纹理贯穿，并悬挂在枝头。

小月亮

“luniria”来源于拉丁语“lunaris”，意为“月亮”，这一名字与多年生银扇草果实的形状有关，这些果实很像小小的月亮。这一植物主要分布在海拔 1000~1100 米的树林和森林中。它在一些区域很茂盛，但在另一些区域比较稀少。在法国，我们可以在东部、汝拉山脉、阿尔卑斯山脉、中央高原、比利牛斯山脉、科比埃以及中央大区发现这一植物，同时它也分布于欧洲的大部分地区（除大不列颠岛）以及西伯利亚西部。

种植收获物的用途

几乎呈金色的植物

1710 年 5 月，国王顾问兼里昂造币厂总管德利斯勒（Delisle）转述了普罗旺斯炼金术中“变铅为金”的实验过程。德利斯勒在这些实验中用了从多年生银扇草中提取的汁液，他采摘“生长了 14 个月、完全成熟的多年生银扇草，把它们放进蒸馏器里，蒸发干燥后就可以放到陶罐里。再把陶罐埋入土中，将陶罐下部打开，放置一些小木条，防止它们掉落。当它在土壤里放上一段时间，就可以把它挖出，放到铜制蒸馏器当中，不用额外添加任何东西即可从中提取汁液”。1785 年，英国人菲利普·米勒（Philippe Miller）在他的《花园词典》（*Dictionnaire des jardiniers*）中写道：“当它那被称为‘缎花’的蒴果完全成熟的时候，可以将它们剪下来晒干，然后再把它们放到大房子的烟囱里，在那里，它们可以长时间保持美丽的外表。”

花好看，种子也好看

多年生银扇草是银扇草的表亲，但与后者不同的是，它是多年生的。从 6 月到 7 月，它高挑的茎干（约 80 厘米）上长满了一簇簇白色的花朵，花带淡紫色，散发优雅的香气。花期过后，半透明、银白色的蒴果（就像银扇草一样）中会长出圆形的种子。它的适应性非常好，且喜欢半阴、肥沃或肥力普通、新鲜、深厚的土壤。秋天，它可以在露天处播种。

124 127.

疏毛地杨梅

Luzula pilosa (L.) Willd.

植物学描述

非常轻盈

疏毛地杨梅是灯芯草科（类灯芯草）多年生草本植物，有短块茎。这一植物高 15~40 厘米，无毛。茎干有花，直立。叶呈线形，很宽（5~10 厘米），聚为密集的簇状，叶鞘为红棕色。带花茎干长有长长的鞘状叶，这些叶较小。花序稀疏，由一些不规则的、有 1~3 朵花的花轴构成，这些花相互远离，且在花期过后会倒垂。这些单生的、浅棕色的花由丝状的花梗支撑。花期在 3—5 月。萼片和花瓣大小相当，外形均为长椭圆形，且比果实更加尖锐、短小。果实为卵球状三角形蒴果，其上有一个逐渐缩小的尖。种子上有膜状的脊。

春天的植物

"luzula"是一个意大利语词，意为"草"。它的花期使它获得了"春季地杨梅"这一契合的俗名。这一植物在花园、树林、背阴的牧场生长，也可以在海拔较高的地区生存，包括阿尔卑斯山下的区域。在法国，这是一种很常见的植物，但在西部比较稀少，地中海地区也几乎没有它的身影。它在几乎整个欧洲、亚洲和北美都有分布。

种植收获物的用途

好用的种子

采摘者似乎采到一株很大的植物，并将其扛在肩上。他喜欢采摘疏毛地杨梅的根部，这是为了收集它的种子。一般来说灯芯草并不属于常用的药用植物。1566 年，马蒂奥利提及了其种子的用处："将其种子烘焙后浸入葡萄酒中，可以缓解腹泻、痛经以及帮助肾结石和膀胱结石的病患排尿。"

禾本科植物的近亲

疏毛地杨梅四季常青，短时间内即可轻易在林下灌木丛中形成漂亮的地被。这一植物的适应性很强（能耐受 –15℃的低温），喜欢阳光充足或半阴，以及富含腐殖质、新鲜的土壤。可以在 2—4 月种植它。在夏天，它会开出轻盈的白色花朵。它不需要特殊照料，因此我可以剪掉那些干枯的部分，如果有需要，我会在冬天清理它的簇。在苗圃售卖的地杨梅中，我推荐枝叶紧密的"伊戈尔"（Igel），而白穗地杨梅（*L. nivea*）会开出很漂亮的银白色花簇。在森林地杨梅（*L. sylvatica*）中，"耀斑"（Solar Flare）全年都长着金色的叶，在冬天尤其耀眼，到了春天则会长出橘黄色的穗。

牧场山萝花

Melampyrum pratense L.

植物学描述

当心吸血鬼

牧场山萝花是列当科一年生草本植物。由主根与小根组成的根部系统可寄生在其他草本植物、树木或是它最喜欢的山毛榉的根部上。茎干横截面为方形，茎高 10~80 厘米，细长，直立或四散。叶对生，短柄，边缘手感粗糙。瓣片呈长椭圆形，顶端窄而尖。花多为黄白色和淡紫色，偶有亮黄色和白色，被大量绿色、几乎无柄且呈披针形的苞片环抱。花的基部与叶总体相像，而上部有长锯齿。花萼无毛，由 5 片萼片构成，在它们长度 1/2 的位置两两交叠，且不超过花冠长度的 1/3。花冠呈管状，顶端几近闭合。子房底部有一个发达的蜜腺。花期在 6—9 月。果实是蒴果，底部为圆形。

黑麦

牧场山萝花拉丁学名中的“*melampyrum*”源于希腊语“melas”（意为“黑色”）及“puros”（意为“麦子”）。实际上，山萝花的种子是黑色的，且大小和麦子相当，收获季节二者常被弄混。它是法国的常见物种，但在地中海沿岸不生长。虽然名叫牧场山萝花，但它在树林及其边缘也能生长。有时它会大量扩张，抑制周围草本植物的生长。它通常不会出现在高海拔地区，比利牛斯地区和汝拉山脉除外，在那里它可以在海拔超过 1500 米的地方生存。牧场山萝花在整个欧洲（除了部分南部地区）、西亚和西伯利亚均有分布。

种植收获物的用途

不和谐的种子

插图中，这一植物似乎散布在洗衣房附近，一个女人带着几包衣服正走向那里。牧场山萝花的花朵表明此时正处夏季。我们很难在古代文献中找到这一植物，因为不同的作者没有用统一的名字指称它。1566 年，马蒂奥利在他对迪奥斯科里德斯的《药物论》六卷本评注中写道，对一些人而言，“山萝花”（*Melampyrum*）和“鸟眼荠”（*Myagrum*）是同一种东西，法国的农民会将后者撒进耕地中，让它与小麦一起生长。从它的种子中提取的油既可明目，又可使皮肤变得光滑。在同时代，名为夏尔勒·德·勒克吕兹的学者认为，小麦收割时混入这一植物会污染面包。同时，它和黑麦草一样会引发头疼。而与他同时代的德国医生、植物学家塔贝奈蒙塔努斯则说他自己就经常食用这种植物且未感到任何不适，用它做的面包非常好吃，同时它的种子对家畜来说，特别是牛和羊，是一种完美的食物，因此该广泛种植。

达成共识

1825 年，普瓦黑总结道：“山萝花可喂养牲畜，特别是牛和羊，它们非常喜欢这种植物。但它也是一种令人讨厌的植物。如果任其在谷物中生长，它们很快就会大量繁殖并吸干土里的养分；如果它们的种子和小麦混在一起，会给面包带来不好的气味和颜色，不好的味道甚至会损害身体健康。”

欧洲水仙 / 红口水仙

Narcissus tazetta L. / *Narcissus poeticus* L.

植物学描述

每个植物都有自己的季节

这两株植物是石蒜科（类雪滴花或雪片莲）多年生草本植物，均有球茎。

欧洲水仙：高 20~80 厘米。叶呈绿色，有时略呈青绿色，表面平坦或有沟。花有长而不规则的花梗，2~12 朵为一组。花冠为杯状，呈白色、黄色或橘黄色，唇瓣完整或有锯齿。花期在 2—5 月。果实为蒴果。

红口水仙：高 30~60 厘米。叶的表面几乎是平的，尖端为长椭圆形，呈灰绿色。花单生，且所有部分都是纯白色，花管长 20~25 厘米，呈黄绿色，有红色带锯齿的唇瓣。花期在 4—6 月，芳香馥郁。果实为蒴果。

睡眠的香味

"narcissus"源于希腊语"narkê"，意为"冬眠"，因水仙花的香味具有催眠的作用而得此名。在法国，水仙花不能在高海拔地区生长，而在整个地中海沿岸都有分布。

红口水仙可以在阿尔卑斯地区海拔 2300 米的地方生存。它也分布在汝拉山脉、中央高原以及比利牛斯地区，但分布得很不均匀。我们可以在法国其他地区发现被驯化的红口水仙。这一植物在中欧和南欧也有分布。

种植收获物的用途

大自然的苏醒

迪奥斯科里德斯注意到，食用煮过的水仙会导致人呕吐；治疗比较温和的疾病，只需服用水仙熬煮的水即可。将水仙花捣碎和蜂蜜混合，可以缓解烧伤、强健神经、治疗扭伤以及缓解痛风导致的关节疼痛。在农民经常使用的药方中，以水仙花为基础制成的煎剂可以很好地作用于间歇性发热、痢疾、癫痫和百日咳。

没有水仙就没有春天！

我家里有各品种的水仙，有花朵呈喇叭状、漏斗状、环状、皱边和重瓣的，也有散发阵阵香气的。这些品种可以在 2—5 月陆续开花，每个品种的花期大约持续 15 天。它们的适应性很好（能耐受 -20℃的低温），且喜欢新鲜、排水良好、阳光充足或在落叶林下的轻壤土。9—10 月，我会种植一些球茎，并将球茎放置在土下深度相当于它们直径 3 倍的位置。花期一过，我会等待茎干发黄，这意味着球茎已经积累足够的养分，可以进行大规模修剪。将它们种在花盆中是一个很好的选择，只需在含腐殖质的土中放置 2~4 个球茎，让它们的尖端露出来，然后将花盆放在凉爽的地方，直到它们长出叶子，再将它们拿回室内。在庞大的水仙家族中，我最喜欢的就是红口水仙，虽然它不是最早开花的，但可以在树下的高草丛中优雅地绽放。

欧洲对叶兰

Neottia ovata (L.) Bluff & Fingerh.

植物学描述

仅两片叶，没有更多

欧洲对叶兰是兰科（类红门兰）多年生草本植物，根茎很短，长着很多细长且交织的不定根，根茎中可长出新个体。这一植物高 30~50 厘米，上部有毛。带花的茎干直且硬，从两片硕大、平展、无柄的椭圆形叶片中间冒出，叶片有 7~9 条突起的叶脉。黄绿色、直立的花朵聚成顶生的总状花序，花序呈穗状，比较稀疏，伴有很小的、比花梗短的苞片。花被的外部合生，呈椭圆形，内部的 2 个部分较长。唇瓣呈长圆形，深裂为两个紧密的、近乎平行的部分。花期为 5—7 月。果实为蒴果。

地下的巢穴

希腊语中的“neottia”意为“巢穴”。这一植物的根茎常相互交织，使人联想到一个真正的地下巢穴。在高海拔地区，包括阿尔卑斯山下可见这种植物，同时，在树林和半阴、新鲜或富含腐殖质的土壤上也能见到它。这种植物常见于法国南部以外的地方，在欧洲、亚洲北部和北美也有分布。

种植收获物的用途

捣碎黑色物质

插图中的场景发生在 5—7 月，是欧洲对叶兰开花的季节。它还拥有一个别名——“普林尼的眉毛”（ophrys de Pline）。三个采摘者在一片阴凉的草地上，最前面那个正小心采挖这株野生兰花以免损伤其发达的根系。鲜有人了解其用途，而普林尼指出，将它的根捣碎可用于染黑头发和眉毛（即希腊语“ophrys”）。马蒂奥利在他对迪奥斯科里德斯《药物论》的六卷本评注中证实了这一用途，他还建议在头骨受伤时将其外用在受伤部位。

不显眼的兰花

1785 年，《园丁辞典》（*Dictionnaire des jardiniers*）的作者菲利普·米勒将这种花比作小飞虫，将它的种子比作尘埃。虽指出这种植物无法栽种，他也建议喜欢它的人将其移植到花园中，并安置在背阴处。如果放任不管，它可以在那里存活好几年。他同样建议在花期时采花，否则花期一过就无法找到这些花了。据他所说，这种植物的根茎可消除溃疡，在一些村庄，农民会把它压碎敷在伤口上。在法国约有 160 种野生兰花，它们受到广大花卉爱好者的青睐，他们漫步植物园时会被这些兰花深深吸引，还不忘从各个角度拍照，并发表博客与人分享。当然，我们极不推荐大家按菲利普·米勒的建议行事，因为大部分兰花都是保护物种。

黑种草

Nigella damascena L.

植物学描述

散为丝缕

黑种草是毛茛科（类银莲花）一年生草本植物，有长长的黄色主根。茎干高 20~40 厘米，直立，横截面为多边形，单生或有直立的分枝。叶深裂，裂片呈窄长条状。花单生于茎顶，呈淡蓝色，每朵花被总苞纤细的绿色部分包围。花瓣比萼片小，呈圆锥形，其外唇的顶端不凸起，萼片呈披针状椭圆形。花瓣有时并不像圆锥形，而更像萼片的形状。花期在 5—7 月。果实为光滑的球形，由 5 个相互融合且与顶端结合的蓇葖果构成。种子呈黑色，表面有褶皱。

像小说般的名字

“nigella”来源于拉丁语“nigellus”，意为“黑色”，意指这一植物的种子是黑色的。黑种草分布在南部的田园，且偶尔可以在它们所逃离的花园附近发现它们。这一植物并不在高海拔地区生存，我们可以在法国南部、西南部以及西部（除了布列塔尼大区）看到它。它们遍布法国整片领土，就离它们所逃离的花园不远。在法国之外，它们在欧洲的地中海地区、北非、马德拉和加那利群岛都有分布。

种植收获物的用途

拿一些种子

马蒂奥利在他对迪奥斯科里德斯《药物论》的六卷本评注中指出，把黑种草的种子磨成粉并混到蜂蜜里，然后涂在皮肤上，可以去除色斑。把这种液体当饮料服用，或和牛胆汁、醋一起涂抹到肚子上，可以起到驱虫的作用。自文艺复兴时期起，这种植物就进入了观赏性花园。如今，从这种植物中提取的酊剂在顺势疗法中被用于治疗哮喘、枯草热和鼻炎。

对地点的忠诚

它可以适应家门口的砾石地那样的环境。我会在春天播种，之后它每年都会再长出来。它可以很好地适应贫瘠、排水良好且阳光充足的土壤。在春末，它能开出美丽的蓝绿色花朵，之后会结出漂亮的果实。我总是会剪下一些茎干，再将它们晒干制成干花束。这一植物在冬天会消失，但它的种子会在来年春天发芽。但要小心，黑种草的种子是有毒的，这和家黑种草（又称“黑孜然”）的种子不一样。

毒水芹

Œnanthe crocata L.

植物学描述

朦胧的伞状花序

毒水芹是伞形科（类软雀花或滨海刺芹）二年生草本植物，具有细长的块根，当它被划开的时候会流出黄色的汁液。茎干高 30~80 厘米，直立，有细纹，空心。叶具有 2~3 片羽状复叶，呈椭圆形或条状，且有锯齿和深裂。花为白色或玫红色，聚集在由 15~40 条花梗构成的宽大的伞状花序中。每一个伞状花序可以与总苞相连，也可以不相连。总苞由数片叶状苞片构成，这些苞片全部处在伞状花序的庇护之下。每一个小伞形花序同样具有一个早落的总苞。花萼 5 齿裂，在果实的成熟过程中会逐渐变长，并一直处在果实的顶端。花期在 6—7 月。果实为椭圆形分裂果，有锥状刺。

只是提及一下

“Œnanthe”源于两个希腊语词：“oïné”（意为“葡萄树”），“anthos”（意为“花”）。毒水芹的花会让人想到葡萄树。这一植物可以在潮湿凉爽的地区、沟壑、草地以及水畔遇到，主要分布在法国西部、西班牙边界的西部和诺曼底地区之间。毒水芹不在高海拔地区生存，在西欧（英国及伊比利亚半岛）、意大利和摩洛哥也有分布。

种植收获物的用途

一个智者抵两人

插图中的景象发生在春末。草药医生拔出一株开花的毒水芹，并向他的学生提问。学生指着这株植物，一一列举出它的危害：引发痉挛、深度昏迷、极度妄想……无论是对于人类还是对于家畜，毒水芹都显得很可怕。然而，一些医生利用它的汁液治疗一种麻风病疥疮（每天早晨服用半勺）。在很长一段时间里，人们都混淆了毒水芹和“笑草”（*Sardonica*），如果食用后者，会导致面部肌肉剧烈收缩，嘴巴扭曲成刻薄的苦笑状。“痉笑”（rire sardonique）这一词语便来源于此。大约在 1513 年，科西嘉岛上的一些士兵在食用毒水芹后不幸死亡，原因便是他们混淆了这一植物和可食用植物（例如萝卜、芹菜或菊苣等）。

油橄榄

Olea europaea L.

植物学描述

美丽的灌木，非凡的果实

油橄榄是木樨科（类白蜡树或茉莉花）灌木，也可长成常绿乔木，普遍高 2~10 米，也可能更矮，少数可长到 15~20 米。它的树干和树枝上分枝丰富，枝条呈灰白色，树皮呈棕色且有开裂。树叶全缘、对生且常绿，质地坚硬，无毛且有短柄。叶片呈椭圆状披针形，上部为灰绿色，下部为白色，中间的叶脉凸起。花为白色，聚在较小的、直立的总状花序中，花序则处在叶腋之中。花萼有 4 片不显眼的宽裂片，花冠比花萼长，4 片花瓣为椭圆形，微展。花期在 5—6 月。果实为圆形或椭圆形核果，果肉富含脂质。种子（少数情况下有两个）被包在木质果核中。

神话!

“olea”源于拉丁语“oleum”，意为“油”。油橄榄是食用油的著名原材料之一。公元前 3500 年，这一物种就在东地中海地区被驯化了，并逐渐被引入西方。如今，它在地中海沿岸被当成果树广泛种植，并在气候适宜的地方作为观赏树被栽种。油橄榄有时可以在它所被驯化的地方被找到，这些地方就是废弃的农田、树林、灌木丛、岩石区和老城墙边。

种植收获物的用途

马蒂奥利的讲话

插图中的场景发生在 11 月，也就是开始收获的季节。一个女人正在捡掉在地上的油橄榄果实；另一个在树上采摘她能够得着的果实；一个男人站在梯子上采摘高处的果实；另一个男人负责把果实倒进驴驮着的筐子中。之后，这些油橄榄果实会被送到磨坊榨油。马蒂奥利曾说，将橄榄叶捣碎并制成膏剂，可以治疗溃疡和甲沟炎，还可以去除焦痂。把碎叶加到蜂蜜中，可以缓解炎症、牙痛和牙龈痛，特别是小孩子的牙齿疾病。油橄榄提取物制成的眼药水可以治疗发炎的眼睑。他也说，橄榄一采摘下来，就被铺到地板上晾晒到起褶。之后，放到磨盘上碾碎，然后放进压榨机，再加一点热水即可榨油。他强烈反对将它种在橡树边上，因为它与橡树之间存在致命的排斥。

气候变暖

近年来，我看到越来越多的橄榄树在卢瓦尔河以北的地方生长良好。我被它们在遍布小石子的地方所表现出的生存能力吸引。在我家，过于潮湿的环境不仅不利于橄榄树的生长，还会诱生一种腐蚀树叶的霉菌——“孔雀眼”。应保持空气流通，并在 2 月份的时候修剪橄榄树，以使云雀能够在它的枝丫间飞舞。在一次非常短暂的花期（6 月的一周）后，橄榄树开始结出的果实，也就是核果，它呈绿色，然后在冬天转变为紫黑色。园丁要保持耐心，因为一旦对其进行移植，橄榄树在近 7 年内都不会长出果实。这一植物喜欢深厚、排水良好、中性、阳光充足的土壤。它可以抵挡干燥的气候并耐受 –8℃的气温。但长时间持续的、低于 –12℃的冰期，对它而言则是毁灭性的打击。

瓶尔小草

Ophioglossum vulgatum L.

植物学描述

冬日的缺席者

瓶尔小草是瓶尔小草科多年生蕨类植物，非木质。其特点是一片不育的蕨叶环绕着另一片可育的蕨叶，二者长在一个短而直立的块茎上。植株高 8~30 厘米。不育的蕨叶呈椭圆形或条状，全缘，基部会急剧变狭，末端呈圆形或稍钝，没有明显可见的叶脉。可育的蕨叶呈穗状，比不育的蕨叶更长，基部完全被包裹在不育蕨叶的叶鞘中。携带孢子囊的部分顶生，呈线形，其上有一个小尖，且比叶柄要短，这一部分长 2~4 厘米，并含有 10~35 对小球状且相互连接的孢子囊。孢子囊在 5—7 月发育，孢子的表面覆盖着很小的块茎。整个气生部分到了冬天就会消失。

奇怪……

“ophioglossum”由两个希腊语词构成：“ophis”（意为“蛇”）以及“glôssa”（意为“舌头”）。孢子穗呈线形，像蛇的舌头一样细长。这一令人惊叹的蕨类植物分布在沼泽、草原和潮湿的树林，且通常长在贫瘠但石灰质丰富的土壤中。它可以在最高海拔 1600 米的阿尔卑斯山区生存。在法国的其他地区，总体来说，它是稀有的，甚至非常稀有。它似乎在法国的西部有一些分布，也分布在整个欧洲、亚速尔群岛、马德拉群岛、亚洲（南亚除外）、北非以及南美。

种植收获物的用途

毒蛇的舌头

插图中展示了三株小巧可爱的瓶尔小草，它们生长在凉爽的草原上。1695 年出版的《药学或医用辞典》（*Le dictionnaire pharmaceutique ou apparat de médecine*）提到，这一植物的根部会长出小茎干，尖端处长着白色的小舌，如同蛇的舌头，这也是它名字的来由。它与蛇舌的相似性，使得著名的签名理论家波尔塔宣称瓶尔小草可以治疗蛇咬伤。

滑稽植物的滑稽药方

据马蒂奥利所说，这一植物通常会被制成煎剂，可内服或外用，用于治疗肠道或睾丸的下垂。他还在书中表示，把野兔的粪便、腹毛和蜂蜜与其混在一起煮，并且同时经常食用蚕豆，就可以根除这些毛病。这一植物的叶同样被用于治疗外伤。然而在 1825 年，普瓦黑注意到瓶尔小草已经被彻底地从药学领域中驱逐出去。同时它也不再被用于顺势疗法。如今，这种植物在法国变得比较稀有，在很多地区已经成了保护物种。

143.

牛至

Origanum vulgare L.

植物学描述

从淡玫红色到鲜玫红色

牛至是唇形科多年生草本植物，多毛，有坚硬的块茎，可进行活跃的无性繁殖。茎干为绿色和淡红色，横截面为方形，直立，多分枝，高 25~85 厘米。叶对生且有柄。瓣片为椭圆形，全缘或有少许锯齿，叶脉清晰。花为玫红色，无柄或几乎无柄，聚为卵球形的顶生穗状花序，上面有许多大而鲜红的椭圆形或披针形苞片，它们比花萼长，即便与花朵混在一起，也十分明显。花萼呈管状和钟状，5 齿裂，内部被短柔毛。花冠为二唇形，具有突出且长度超过花萼的小管，上部的唇直立，下部的唇展开且有 3 叶。花期在 7—9 月。果实为光滑瘦果，有 4 片心皮。

一座快乐的山

“origanum”源于希腊语“origanos”，由“oros”（意为“山”）以及“ganos”（意为“快乐”）构成，意指这一植物装点、美化了山脉。牛至最高可在海拔 1800 米的地区生存。这是一种法国常见的物种，但分布很不均匀，我们可以在整个欧洲、西伯利亚、西南亚、中亚遇到这一植物，它也已经被北美引进并驯化。

种植收获物的用途

自古以来就是明星

又是熟悉的场景：采摘者拿着刚刚挖出的植物和手头书中的相似品种进行比较。这一场景非常值得思索，因为采摘者背对着我们展示的这株植物的花呈淡紫色，且聚为穗状，其中一根茎干上的花已经凋谢，这根茎干上的树叶从绿色转为紫色，仿佛是吸引采摘者的唯一美丽之处。希腊医生发现牛至有强身健体、滋补、缓解风湿痛的特性。在中世纪，牛至常和百里香配合起来用于治疗肺部疾病和缓解咳嗽。如今，牛至被植物疗法广泛采用，且主要用于缓解消化系统疾病、痛经、蚊虫叮咬及治疗湿疹。

夏天的味道

我第一次去希腊度假的时候，就被它那令人难忘的香气所吸引！如今，它的叶和花是我夏日烹饪的必备食材，可以用来做我最喜欢的希腊沙拉（有黄瓜、西红柿、费塔奶酪）或马赛风格的维根小肉馅饼。如果这种多年生植物被冻坏，我会从 5 月 15 日起重新在室外阳光充足的地方进行播种，然后根据需要修剪植株。从 5 月起，直到 11 月，我会采摘它的叶。采摘时间主要在早上，因为这样可以根据我们的需要最大程度地保留它的香气。我会在花期之前剪掉它的茎干并晒干它的叶，这样一整年都可以享用它了。从养护的角度来看，这只是最低程度的照料。我还会锄掉它们根部附近的杂草，在临近冬季的时候，把茎干压到土中 10 厘米深的位置。我和蜜蜂一样，都很喜欢它秋天的淡紫色穗状花朵和苞片。此外，还应当心寒潮（此时需要用稻草将它的根部包起来）和白蛾子（这种夜行性昆虫的幼虫特别喜欢牛至的叶）。

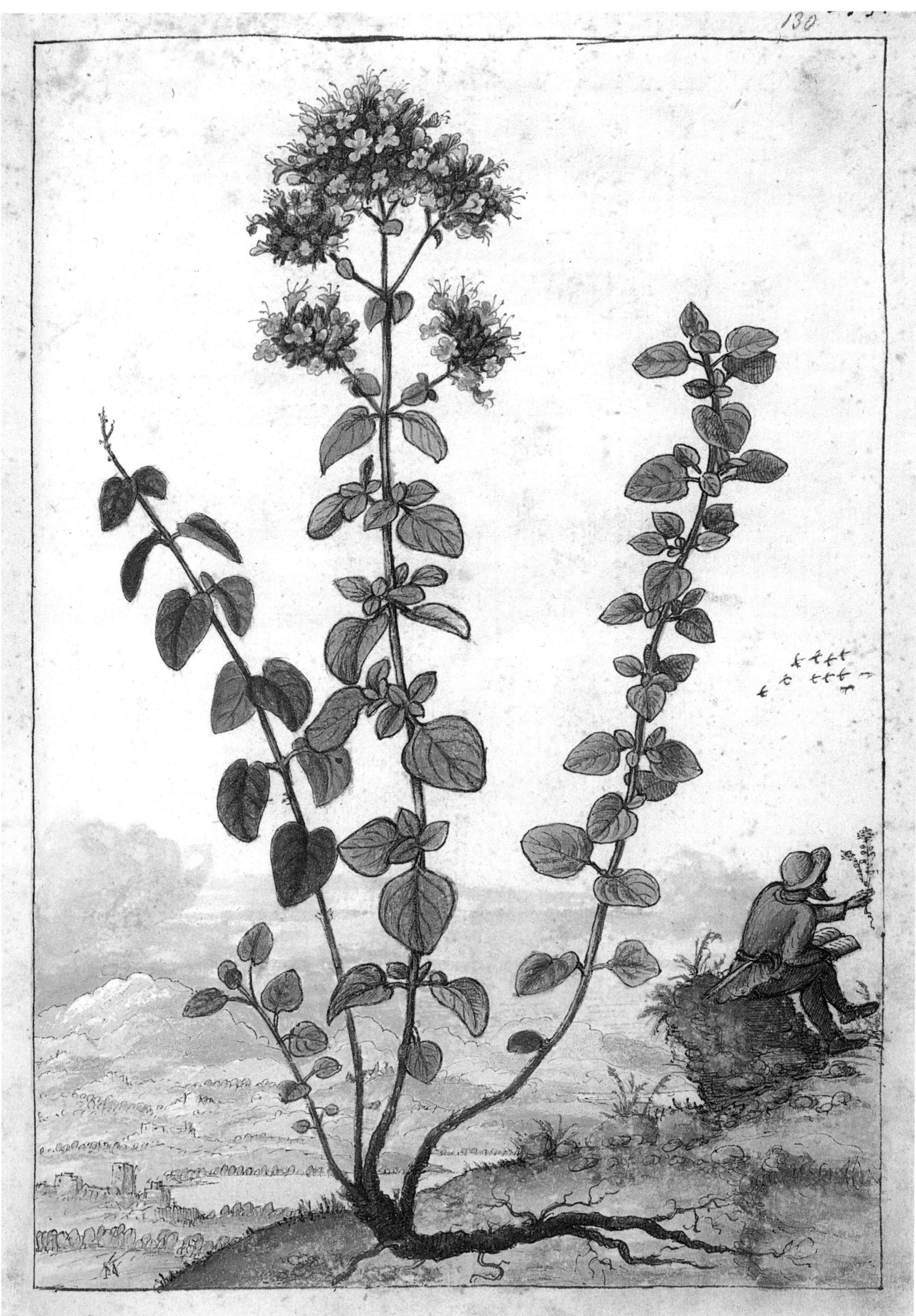

鸦列当

Orobanche gracilis Sm.

植物学描述

哦！一种全寄生植物！

鸦列当是列当科（类小米草或山萝花）的多年生草本植物。茎干有花，高8~50厘米。茎干的基部隆起，并与宿主植物的组织相连，从宿主那里汲取生存所需的资源。之所以说这一植物是全寄生植物，是因为它没有带叶的茎干、叶子等营养器官，且无需光合作用，宿主植物替它完成了这一过程。它的花聚为松散的穗状，带花的茎干长1~2厘米，有黄色、橙色，乃至淡蓝色和淡紫色的鳞片。它的花萼分裂为2片裂片，每一片2齿裂，其长度可达花冠的高度。花冠闪闪发亮，外部无毛，但内部及其边缘有微小的腺毛，花喉处呈鲜红色，少数时候整体呈柠檬黄色或深红色。上部的唇完整或呈凹形，下部的唇有3片大小比较均匀的裂片，边缘有细小的裂痕。花期在5—8月。果实为蒴果，内含很多细小的种子。这一寄生植物拥有着大量吸根的幼芽，这些芽的表面（特别是上部）布满茸毛。

一位扼杀者

“orobanche”来自希腊语“orobos”（意指一种野豌豆的近亲植物）以及“anchos”，意为“扼杀者”，这是因为它主要寄生在豆科的植物身上，比如野豌豆和车轴草。在法国，细列当可以在草原、树林或其他野地被找到，最高可以在汝拉山脉的冷杉生长层生存，在法国的北部和东北部却无迹可寻。此外，它的分布非常不均匀，也分布于欧洲南部、西南部和中部，西南亚以及北非。

种植收获物的用途

一个独特的杀手

奇怪的是，插图中的鸦列当和山谷中的湖景似乎毫无关联。这一植物被单独呈现在我们眼前，并未伴有它通常所寄生的三叶草或其他豆科植物。自古以来，鸦列当似乎就不被看作一种医用植物。马蒂奥利表示，这种植物会勒死那些它所寄生的植物，不过可生吃或煮食，其风味就像芦笋一样。

美味之外

在1807年，L. C. A. 弗里蒙特（Frémont）出版了《论迪奥斯科里德斯的鸦列当》（*Note surl'orobanche de Dioscoride*），他在副标题中补充道：“包含它的描述，它的性质，可以从它的种植中所获得的好处，证明这一植物不是寄生的证据……”他的想法就是鼓励大家种植鸦列当，因为它有缓解腹痛的功效。他的论点并不缺乏激情，比如这一段便可证明：“有些人不太关心它的这一价值，是因为他们没有经历过可怕的腹痛的折磨。愿埃斯科拉庇俄斯（Esculape）庇佑他们！如果人们经历了几天的剧痛，如果埃俄罗斯（Éole）的孩子把他们的肠子当作战场，在里面翻江倒海，他们就会认识到鸦列当的好处，并明白鸦列当是风暴之王会用于击打山脉两侧真正的权杖……”他接着强调这一植物对于牛马养殖的益处，只需把鸦列当混进动物饲料里就能使它们发情，以最低的成本饲养动物。他还建议老年人使用鸦列当来找回年轻时的活力。然而，我们尚不知道此建议是否可行……

荷兰芍药

Paeonia officinalis L.

植物学描述

美人中的美人

荷兰芍药是芍药科多年生草本植物，具有隆起的块根。茎干高30~70厘米。叶有3片裂片，裂片都较窄，且呈长椭圆形。叶的上部无毛，呈深绿色，下部呈灰白色，被短柔毛。花为玫红色或红色，单生于枝顶，由5片不规则的红绿相间萼片和5~10片椭圆形花瓣构成，这些萼片后期会包裹在果实周围。线状红色雄蕊与蜜腺盘相连，雌蕊由2~4片心皮构成，心皮表面覆盖有密而短的小毛。花期在5—7月。果实为卵形，幼果表面覆盖有白色的毛。

神圣的植物

“paeonia”源于希腊医生的名字“Pæon”。据荷马描述，这位希腊医生曾用一株芍药治疗赫拉克勒斯（Hercule）给冥王普鲁托（Pluton）造成的伤口。荷兰芍药在整个地中海地区（即从葡萄牙到小亚细亚半岛和亚美尼亚）都有分布，最北可达阿尔卑斯和多瑙河横贯的匈牙利盆地。在法国，它分布在南部的多山地区，尤其多见于有石灰质土壤的树林和草原。

种植收获物的用途

神奇的根部

为了推广芍药的药用价值，盖伦写了很多文献。他声称曾看到一个患有癫痫的儿童将芍药的根挂在脖子上，而后痉挛就得到了缓解，可一旦把芍药根取下来，痉挛就会再次发作。在中世纪，癫痫被看作是恶灵的显现。于是芍药便被列入了可以驱除恶灵的魔法植物的行列。直到19世纪初，芍药根还会被磨成粉末用于治疗痉挛。

很漂亮，但有些任性

为了弄懂究竟什么样的环境适合芍药，我曾花了不少时间，因为它既是草本植物又是灌木植物。这两个类型都需要充足的阳光才能生长，而且都无法承受根系竞争，这是它们仅有的共同点。我会预留一些深厚的、富含腐殖质的土壤给草本的芍药，而对于灌木芍药，则需要在土壤中加入一些沙子。我喜欢童年回忆中花园那引人遐想的香味，这些气味都来自草本芍药，如有紧密和粉红色双层花的“阿尔贝·克鲁斯芍药”（Albert Crousse）；具有深红色花朵的“阿道夫·卢梭”（Adolphe Rousseau），特征是在花瓣的边缘有一条浅浅的白色纹路，花瓣与鲜红的叶片相连；或是光彩夺目的有纯白色的双层花“内穆尔大公”（Dutchesse de Ivemours）。它们的适应性都很强（能耐受 –20℃的低温），且都在降雪前后开花。我在秋天栽种它们，从不忘记给它们浇水，然后耐心等待一两年，在一个美丽的5月的早晨，会发现它们开花。灌木芍药比较麻烦，它不太能适应我的花园。不同的品种可能在4月中旬到5月底之间的某一天开花。我还发现了一种草本芍药和灌木芍药的杂交品种，那是我1949年在日本获得的。它集合了一切优点：繁茂而香气扑鼻的花朵自木质基部生出，在8月依旧迷人的紧密成簇的树叶，以及秋天时美丽的颜色。

85 84.

刺状金币菊

Pallenis spinosa (L.) Cass.

植物学描述

两种花朵，两种果实

刺状金币菊是菊科（类意大利蜡菊或细毛菊）二年生草本植物，有发达的主根，茎干高 10~70 厘米。叶完整且多毛：上部和中部的叶基部抱茎；下部的叶有瓣片，自基部到叶柄逐渐变窄。头状花序为黄色，位于总苞之下。外部的苞片较长，顶端为锋利且扎人的尖刺。内部的苞片没有那么长，且顶端很短。花期在 6—7 月，有时会延迟到 8 月。果实为两种类型的瘦果，分别来自头状花序中央的管状花和外围的舌状花。来自外围舌状花的果实无毛，有翼无角，顶端有一个锯齿状膜质冠。生长自中央管状花的果实呈倒圆锥形，也具有膜质冠。

年轻的女明星

刺状金币菊俗名中的“astérolide”源于希腊语“astericos”，意为“小星星”，因为这一植物总苞的苞片呈辐射状。刺状金币菊大多野生，生长于干燥、多石的路边，我们可以经常在法国南部海拔 700 米以下的地方看到它，同样可以在中欧、南欧、西南亚、北美以及加那利群岛遇见它。

种植收获物的用途

非常审慎

插图中展现的刺状金币菊占据了一座小山上的干燥草原，周围没有任何植物。奇怪的是，这一植物既没有在马蒂奥利的评注中出现，也没有在雅克·达勒尚的作品中出现，而这两部作品都写于 16 世纪。在 2013 年发表的《刺状金币菊的化学研究》中，作者阿米拉·吉巴拉指出，在奥雷斯山脉，它被看作是一种药用植物。这一植物的气生根和花可以制成浸剂或煎剂，以治疗胃病、血液循环问题，还能促进伤口愈合；如果单独把花朵制成浸剂，就成了一种著名的解热镇痛药。

来自 18 世纪的种植建议！

1791 年，著名的《方法论百科全书》(*Encyclopédie méthodique*)，又名《潘寇克百科全书》(*Encyclopédie Panckoucke*)，其第二卷（主要讨论农业和园艺）中指出：“我们要在 4 月的第一天播种刺状金币菊，这些种子需在田里待上一年，为了使它们根部之间的距离保持在一步半之内，我们需要锄草和修剪，此外并不需要其他特别的照顾。当土壤疏松且没有杂质的时候，秋天播下的种子会发芽，幼苗能够很好地抵御冬天，前提是天气还没有那么冷。这些冬季植物会比春天播种的植物更早开花。”此外，书中还指出：“虽然人们只会把这些植物种在植物园里，但有时我们也可以在观赏花园中见到它们。”英国园艺师米勒说，可以用它们搭建花坛；当然这些植物足够茂盛可以使用，但用一年生植物做花坛总是令人烦恼。我们可以在花坛的外缘放置几块石头，但这些石头通常会挤占观赏性植物的位置。

40·37

虞美人

Papaver rhoeas L.

植物学描述

皱巴巴的花朵

虞美人是罂粟科（类白屈菜或凹陷紫堇）一年生（少数为二年生）草本植物，表面被粗毛，直根之下有细小的表层根。茎干高 20~60 厘米，直立，并且通常无分枝。这一植物的叶片形态多样，可能有锯齿或羽状半裂。羽状半裂的叶片呈披针形，边缘有锯齿，顶生的裂片十分发达。直接与茎干相连的叶片无柄。花为红色，少数为淡紫色、粉色，极特殊情况下会有白色。花单生，且由长长的、毛茸茸的花梗所支撑。萼片表面被毛，凋谢之际依旧附着在花梗顶部。开花时，花瓣会皱巴巴的，且基部通常有一个大大的黑斑。它的雄蕊很多，呈淡红色，极细，花药呈淡紫色或黑紫色。雌蕊呈小球状，有 7~12 根柱头，它们呈辐射状排列在一个分裂的盘上，裂片在边缘处重叠。花期在 5—7 月，果实为倒卵形蒴果。这一植物整体具有多种形态，如果剥开它的组织，里面会有白色的汁液流出来。

"睡觉，孩子睡觉，孩子很快就睡觉"

"papaver"源于凯尔特语"papa"，意为"糊"。人们常说，如果把虞美人的种子混在给小孩吃的糊糊里，可以使他们快速入睡。虞美人大量分布在田野以及野地中，我们也有可能在海拔最高 1700 米的地方看到这一植物。这一植物的传播与它和谷物的联系有关。它分布在整个法国、包括不列颠群岛在内的欧洲、亚洲（除了北部地区）、加那利群岛以及马德拉群岛。

种植收获物的用途

睡眠的花瓣

在悠久的药物史上，虞美人的花朵并没有什么影响力。与此相反，罂粟的影响力就大多了。然而，一些作者认为虞美人有镇静作用，尤其是将它新鲜的花朵浸泡在糖浆或蜂蜜里的时候，就是一种有效的儿童安神药。如今，它因这一功效而在植物疗法中享有盛名。

诗性的情感

从 5 月至 7 月初，虞美人的花朵令人惊叹！我脑中浮现出虞美人那优雅的红色花朵点缀的麦田，但它因农药的滥用而消失。我会在春天将它们播种在深厚的土地中，凉爽、轻盈、富含腐殖质和排水良好的土壤对它们的根部来说是必要的。它的适应性很好（能耐受 –20℃的低温），且不需要任何特殊的照顾。花期一过，它们绿色的、饱含种子的漂亮蒴果将会接替花朵的位置。这些植物喜欢开放的草原，需要充足的阳光才能开花。在众多品种中，"雪莉"（Shirley）系列拥有丰富的色彩。

罂粟

Papaver somniferum L.

植物学描述

著名的白色汁液

罂粟是罂粟科（类虞美人或凹陷紫堇）的一年生草本植物，无毛或近乎无毛，常呈青绿色，有时颜色较淡，有长的主根。茎干高30~120厘米，直立，空心，普遍无分枝。叶很大，裂为齿状，非基部的叶抱茎，浅裂。花为淡紫色、红色、粉红色或白色。花单生于长而硬的花梗上，表面布满硬毛。萼片无毛，花瓣在开花时有褶皱，有时边缘呈带状。这一植物具有大量白色雄蕊。雌蕊呈小球状，有8~16个柱头，呈辐射状排列在扁平的花盘上。花期在5—7月，果实为蒴果。整株植物被撕开后都会渗出白色的汁液，这种汁液在接触空气后会变黄。

被种植的植物

罂粟一般是培植的，有时也会逃离农田回归自然，在南法（地中海地区和洛特河谷）较少见。除了法国，它在欧洲以及世界很多地方都有种植，也自生于南欧、北非、加那利群岛、圣港岛和莫里斯岛。

种植收获物的用途

生与死

1830年，肖默东指出："在任何时代，罂粟的麻醉效用都得到了所有领域医生的认可，但在无知者和疯子的手中将成为可怕的毒药。在熟练的医生手中，它是自然赋予我们用来战胜疾病和痛苦的众药之宝。"就在他写作之时，鸦片中主要的生物碱——吗啡已经在1804年进入现代药学，它也是人类通过化学提纯获得的第一种生物碱。至此，吗啡成为一种强效的麻醉剂，在手术、癌症治疗以及姑息治疗法中作用很大。

就像皱巴巴的丝绸

罂粟家族中，我最喜欢鬼罂粟（*P. orientale*）。它们的花瓣如起皱的丝绸般，其质地和光彩让我从5月到6月初都很愉悦。它们会长出巨大的单生花（约80厘米），较经典的花色是橘黄色，基部点缀着黑色或白色，而不同品种的色彩也不尽相同。在我最喜欢的品种中，"帕提的梅花"（Patty's Plum）有淡紫色的花朵；"派利之白"（Perry's White）有染鲜红色的白色花朵；"皇家婚礼"（Royal Wedding）则长着点缀有黑色斑点的白色花朵。鬼罂粟长得很快，适应性非常强，能耐受 -20℃的低温，也可以适应各种类型的土壤，甚至包括石灰质土壤。对它们来说，只要是深厚、富含腐殖质和新鲜的轻壤土就够了。我在11月到次年4月里阳光充沛的日子进行播种，以避开冰冻期。种子被放置好之后，就会自行生长。花期一过，我就会进行整体修剪。我建议将罂粟种在其他花期较晚的草本植物中间，以填补它们凋谢后的空缺。

酸浆

Physalis alkekengi L.

植物学描述

蛹壳里的果实

酸浆是茄科（类龙葵或颠茄）多年生草本植物，有坚硬的、匍匐，如同插图所呈现的那样。茎干高20~100 厘米，直立，有时多分枝，多角，并呈红绿色。叶互生，有叶柄，瓣片呈椭圆形，轮廓完整。花单生，呈白色、浅绿色或浅黄色，其中心呈绿色。花萼由 5 片毛茸茸的绿色小萼片构成，在结果时会膨大。花瓣连结于基部，裂片舒展且有毛。花期在 5—9 月，果实为淡红色或橘黄色的浆果，大小和一颗小樱桃相当。浆果被包裹在花萼中，花萼为橘黄色或鲜红色的包膜。

膨大的

“physalis”源于希腊语“phusa”，意为“膀胱”，这与果实外面包裹着的膨大的膜质花萼有直接联系，其外观会让人想起膀胱的形状。“halicacabo”这一术语为罗马人所使用，是“alkekengi”的起源。“halicacabum”如今和倒地铃属中一个物种的名字有联系，指一种纤细的热带蔓生植物，名叫印度之心，其果实为膨大的蒴果。直到 19 世纪初，专家们都认为这一植物是从南美洲引入欧洲的，它的引入与马铃薯、西红柿、茄子、烟草等作物的引入属于同种情形，这些植物与酸浆同属一科。1960 年起，古植物学家就在不同的新石器时代农业遗址上找到了酸浆的种子，从而推翻了它是引进的这一假设。酸浆比较分散地分布在法国所有地区，且通常是低海拔地区，但在海拔最高 1500 米的地方也能找到它。它主要分布在欧洲的石灰质土地上，但在中欧、西亚和日本就比较少见，这一物种在北美已被驯化。

种植收获物的用途

美丽且美味

这是美丽秋日的尾声，正是采挖酸浆块茎的时节。老师和他的学生在一片被低矮围栏围着的耕地上。酸浆的花萼在烛光中摇曳，部分呈半透明，意味着它们所托护的果实刚刚成熟。这一植物的医学用途和食用价值几乎无法追溯。它的果实曾被阿拉伯人和希腊人作为利尿剂食用，以缓解肾和膀胱疾病，同时也能缓解痛风；还可以将它的叶捣碎涂在长溃疡的部位。

庆祝秋天的小油灯

只需在阳光充沛和排水良好的地方种下酸浆，同时让它们保持 80 厘米的间距即可。它喜爱凉爽土壤，且可以迅速长成一个紧密的、多分枝的灌木丛。酸浆的果实可食用且富含维生素 C，尤其是灯笼果、挂金果或毛酸浆等品种。毛酸浆的果实是它们之中最大的，味道会让人想起味道浓郁的番茄。在我家，当这些果实掉到地上，就意味着它们已经成熟。我会把它们捡起来并保存，即使放上几个月也不会损失任何风味。

细毛菊

Pilosella officinarum Vail.

植物学描述

多毛的

细毛菊是菊科（类款冬或雏菊）多年生草本植物，有很多带叶的长节蔓。假以时日，这些长节蔓会扎根，保证细毛菊的无性繁殖。植株高 7~30 厘米，多毛。叶全缘，呈条状披针形或条状椭圆形，上部和下部被毛，这造就了它白色的外观。叶子聚集在基部的莲座丛中。花聚为硫黄色的头状花序，颜色有时更深或更亮。花常单生，由无叶的长花梗支撑。外围的舌状花背面常呈红紫色。总苞近圆柱体，在开花之后会变成球根状或圆锥状。总苞的苞片非常不匀称，外部的苞片尖端呈钝角，或多或少被浅黑色的腺毛覆盖着。花期在 5—9 月。果实为灰白色瘦果，上面有柔软的丝状冠毛。这是一种多形态物种。

孤独真好

“pilosella”是一个派生自“pilus”（意为“毛”）的中世纪拉丁语词，因为细毛菊表面被茸毛。它喜欢生长在山丘、多沙和干燥的地方，同时也喜欢草地和牧场。这一植物可以在高海拔地区生长，曾经在海拔最高为 2700 米的阿尔卑斯山地区被发现。细毛菊是法国分布最广（除了地中海地区）的花卉之一。它同样分布在欧洲的所有地区（除了南欧），最远可达北欧的边界。它还分布于西亚、北非以及北美。在北美，细毛菊被引进并驯化。这一植物有化感作用，也就是说它的根茎系统可以产生某种有毒物质，从而抑制其他邻近植物的生长。

种植收获物的用途

谨防羊群

插图中的场景发生在 5—7 月，也就是细毛菊开花的时节。两个牧羊人看着他们的羊群，有一些羊离峭壁和坍塌的山体很近，其中一个牧羊人赶它们离开，以免它们误食细毛菊，因为这东西会毒害这些羊。

“生存还是灭亡”

在 16 世纪，马提亚·德·欧贝尔（Mathias de l’Obel）宣称把刀片放到细毛菊的煎剂中淬火，可以使刀拥有砍断铁等坚硬物体且不卷刃的特性。细毛菊还具有利尿、开胃、净化、收敛、疗愈等功效，从古代到 19 世纪，人们一直因这些功效而歌颂细毛菊，甚至研究这种植物的学者给予它的赞扬也远多于批评。1819 年，医学博士德隆尚认为这种植物毫无使用价值。一直到新一轮的顺势疗法流行起来，细毛菊才重新被认定为有医用价值。细毛菊的气生部分，因具有利尿、解毒和灭菌的功效而出名，特别适用于治疗尿路感染。也可以将它制成酊剂服用，以治疗哮喘和支气管炎。

大茴芹 / 虎耳草茴芹

Pimpinella major（L.）Huds. / *Pimpinella saxifraga* L.

植物学描述

分裂的果？是果实！

这两株植物都是伞形科（类毒水芹或软雀花）多年生草本植物，有发达且常青的主根。

大茴芹：全株布满细毛，呈亮绿色，高 30~100 厘米。茎干空心，布满沟纹，多分枝，有叶。基部的叶为羽状复叶，裂为 5~9 片椭圆形小叶。这些叶子宽 2~4 厘米，都有叶柄、裂片和锯齿，上部的叶偏小。花聚为伞状花序，花序由 8~16 条几乎相等的细长花梗组成，花冠呈白色或粉红色，花柱比子房长。花期在 6—8 月。果实为大裂果，无毛，且表面粗糙不平。

虎耳草茴芹：无毛，呈灰绿色，高 20~60 厘米。茎干细长而饱满，呈圆柱形，布有细密的沟纹，多分枝，少叶。基部的叶为羽状复叶。苞片呈椭圆形，无柄，有锯齿且有深裂，宽 1~2 厘米。上部的叶在叶柄处会渐窄。6~15 根细且等长的花聚为伞状花序。花冠为白色，花柱比子房短。花期在 7—10 月，果实为卵球形裂果，较小，无毛且光滑。

茴芹……有兄弟吗？

“pimpinella”源于拉丁语“pimpinella”，意为“地榆”。这两株植物的叶与地榆属植物的叶很像。在法国，除了地中海地区，大茴芹大量分布在树林和牧场中。它的分布区域几乎包括欧洲所有地区以及高加索地区。虎耳草茴芹分布在法国本土的干燥山丘、牧场和草地上，可以在整个欧洲以及西亚和南亚遇见这种植物。

种植收获物的用途

不常用

在前一幅插图中，带着一把小锄头的采摘者正在一片开阔的绿草地上挖掘大茴芹，同时，另一个采摘者正在一处岩石坡上挖掘虎耳草茴芹。这样的景象表明两株同科的植物可以适应两种完全不同的土壤。然而它们的功效却是一样的，根、叶和种子都可以制成煎剂、浸剂和粉末。它们可以通过自身的杀菌特性促进伤口愈合，也可以利尿。将根部捣碎并制成粉末，可以代替胡椒用于缓解腹痛；咀嚼根部可以缓解牙痛。然而到了 19 世纪，它们的很多用途都被废止了。

真正的野孩子

茴芹适合生长在野外环境中，它可以很自然地适应那样的环境。良好的土壤，再有一些石灰质，就能满足它的生长所需了。它的适应性很好，只需阳光充足或半阴的环境。它受到鼻涕虫、蜗牛和蚜虫青睐，而它的叶对粉孢菌很敏感。如果找不到大茴芹和虎耳草茴芹，另外还有一个比较容易找到的品种——“罗莎”大茴芹（*P. m.* Rosea）。它能开出粉红色小花，形成扁平的伞状花序，在花园中会形成一种美丽飘逸的效果。

大车前草

Plantago major L.

植物学描述

一年 2 万粒种子

大车前草是车前科（类球花或柳穿鱼）多年生草本植物，细长的主根很快就会被多毛的不定根所取代，叶会形成一个莲座丛。植株高 8~50 厘米，叶呈椭圆形，较厚，叶片急剧收窄形成叶柄，这一狭窄部分有 3~11 条粗壮的叶脉贯穿。花聚为圆柱形的长穗，与圆钝的苞片相连，其长度约为花萼的一半，表面呈绿色。花萼由 4 片椭圆形且顶部圆钝的萼片构成，花瓣为灰色或红色，较小。雄蕊的长度超过了花冠，但没有北车前的雄蕊明显。花期在 5—9 月。果实为浅棕色蒴果，果实被打开后会释放大量的种子（一年会生产 2 万粒种子）。

伟大的旅行者

这一属的名称“plantago”源于拉丁语“planta”（意为“脚底”）以及“ago”（意为“推动”），因为有些品种的叶子的形状会让人想起脚掌。其叶厚度惊人，极耐踩踏，这解释了为什么它会存在于城市高低不平的地面、路边以及其他有人类活动的区域。很久以前，大车前草是一种生长在欧洲、中亚以及南亚的物种，如今它已经遍布世界各地。

种植收获物的用途

鸟类的快乐

插图中有一片开放的草地，上面生长了各种各样的小草。其中，大车前草正在抽薹。如今大车前草的收敛功效（比如可清洗患结膜炎的眼睛）被废止了，叶却被制成酊剂，用于治疗支气管和肺部疾病。在大自然里，它是鸟类最喜爱的食物，因为它拥有大量的种子。在烹饪应用方面，它的嫩叶富含维生素 A 和钙质，可以切碎做成蔬菜馅，或者用完整的叶做沙拉。而园艺师可以在苗圃中找到“紫红”（Purpurea），这一品种有遍布红色叶脉的绿色叶片，极具观赏价值，需要种植在轻盈、肥沃和阳光充足的土壤中。

北车前

Plantago media L.

植物学描述

怪物？植物学！

北车前是车前科（类欧洲柳穿鱼）多年生草本植物，有直根。整株植物生于莲座丛上，高 15~50 厘米。通常贴地生长，全身布满白毛。叶宽，呈椭圆形。叶柄宽而短，两面都有毛。叶片较薄，有 7~9 条主叶脉贯穿。花位于圆柱形的穗上，穗通常较长且浓密。花冠为白色，有光泽。花基部苞片都很小，总体不超过萼片尺寸的 1/3。有时苞片会异常肥大，形成“车前玫瑰”这一变种。花冠和花萼相对欠发达，雄蕊紫色且突出的花丝十分引人注目。花期在 5—9 月，但也可能处于秋季甚至冬季。果实为凸而扁的蒴果，包含 2 颗种子。

脚底

“plantago”源于拉丁语“planta”，意为“脚底”，因为这一科植物的叶的造型很像脚掌。北车前在法国乃至整个欧洲都有分布，可在高海拔的阿尔卑斯地区生长。分布区域包括北亚、西亚、北美（这一植物引进和驯化之地）。

种植收获物的用途

暴风雨过后

牧羊人懒散地倚在自己的手杖上，他似乎在梦游中照看自己的羊群。一只羊正在小河里喝水，这条小河穿过整个潮湿的牧场，那里遍地都是北车前。一道壮观的彩虹在画面中十分显眼，它的一部分被云遮住，这片云正在左边的山丘上空倾泻暴雨，云层中一道巨大的缺口让被阳光照亮的蔚蓝天空得以显现。北车前正在开花，这意味着整个场景发生在夏天，这是采集它种子的理想季节。

如此低调，如此珍贵

这种植物尤其受到羊的喜爱，它在古代医生的眼中是无比珍贵的植物。1 世纪的迪奥斯科里德斯以及之后的盖伦，都不遗余力地夸赞北车前的价值：它可以疏通脏器、去除肿块、止血、治疗痢疾、缓解牙痛或治疗眼疾。直到 19 世纪，北车前从根部到叶和茎干甚至全株都具有医学价值，且有多种使用方法，从糊剂到浸剂，从眼药水到香膏，或最简单地作为农民手中的草药——将其捣碎外敷就可以缓解蜜蜂和马蜂叮咬的疼痛 。

玉竹

Polygonatum odoratum (Mill.) Druce

植物学描述

在凉爽的记号下

玉竹是天门冬科（类假叶树或芦笋）多年生草本植物，有肉质且多节的根茎。茎干无毛，直立，有棱，弯曲，高 20~50 厘米，仅上部有叶。叶互生，直立，几乎无柄，略抱茎，叶片呈椭圆形或条状。花为白色，有时呈绿色，单生或两两聚集，有香味，生长在叶腋之下，并悬挂在弯曲的茎干之下。花期在 4—7 月，果实为大粒浆果，呈蓝黑色，种子就像镶嵌了宝石一样闪亮。

灌木丛下的美丽

“polygonatum”源于希腊语“polys”（意为“很多”）以及“gonu”（意为“膝盖”），形容这类植物块茎多节的特征。这一美丽的植物喜欢含石灰质的土壤，人们可以在阿尔卑斯地区的树林和阴暗的岩石区遇见它。它在整个欧洲、北亚、西亚和东亚都有分布，可以侵占一个地区并大量繁殖，因为它的块茎多节且坚硬。

种植收获物的用途

资源丰富的根部

采摘者正紧握锄子挖掘玉竹，这一场景发生在春季，此时正是采摘玉竹根部的理想季节。它的医用价值自古以来就为人所知，其中最重要的是可以治疗疝气。疝气患者需要每天服用由切碎的玉竹根部浸泡的葡萄酒，这样持续 15 天，然后再将捣碎的玉竹根茎加入糊剂中，贴在疝气的部位。在 19 世纪初，很多药书建议在痛风的时候饮用其根部浸泡过的啤酒。有些医生也建议用整株玉竹制作煎剂，并将其涂抹在身体上有疥疮或其他皮肤病的部位。直到 20 世纪初，人们还会把切碎的根部混入燕麦喂给患鼻疽的马。鼻疽是一种可传染给人类的疾病，症状表现为脓肿。

一种“植物”折纸

我觉得它美极了。在科坦登，它被称作“野铃兰”（muguet sauvage），因为它和铃兰在同一时间开花。它通常生长在树林边缘的阴暗山坡上。它抽芽的方式非常奇特，让我想到折纸术，因为它的叶子相互交叠的方式就是类似折纸。我会把它们与一些长着鲜红色叶子的日本品种一起放在花园的阴暗处，在那里，它和蕨类植物以及玉簪属植物为邻。当心，不要将它们直接种在树下，以免它们争夺树的营养。它的适应性很强（能耐受 −15℃的低温），且喜欢轻质、富含腐殖质、石灰质少的土壤。它的生长速度有点慢，但可以活得很久且不需要特殊照顾。

萹蓄 / 水蓼

Polygonum aviculare L. / *Persicaria hydropiper*（L.）Delarbre

植物学描述

几近蔓生

这两株植物是蓼科一年生草本植物，均有细长且发达的主根。

萹蓄：长主根会逐渐被不定根替代。茎高 10~60 厘米，无毛，匍匐，蔓生且多分枝。具有大量叶的树枝自基部匍匐铺开，上部直立。托叶鞘为膜质，并且顶端分裂。叶呈偏青的绿色，瓣片较厚，呈长椭圆形，顶端较尖或圆钝，瓣片会在基部逐渐收窄且并入短叶柄，下部会显出纤细的叶脉。花几乎无柄，呈白色、红色或玫红色，单生或两个或四个为一组长在叶腋上，花瓣的下部偶有绿色的纹路。花期在 6—10 月，果实为三角形瘦果，具有纵向细条纹。

水蓼：茎高 20~80 厘米，直立，多分枝。叶为绿色，有光泽，呈条状或披针形，瓣片的基部逐渐收窄，并入短叶柄中，其边缘呈波浪状。托叶鞘上有一些纤毛。花聚为细长的穗状花序，稀疏，弯垂成拱形。萼片上没有明显的叶脉，表面有腺体。花瓣呈白绿色，时而呈玫红色。花期在 7—10 月，果实为瘦果，呈三角形、椭圆形，扁平，表面呈黑色且无光泽。

美丽的“关节”

“polybonum”由两个希腊语词构成，“polus”（意为“很多”）以及“gonu”（意为“膝关节”），这会让人们想到这类植物的多节茎干。萹蓄可以在阿尔卑斯地区那样的高地生存。在法国，它的分布很广泛，也可以在小路边、田野和野地上看到它。水蓼则喜欢生长在低海拔地区。它是一种遍布法国的植物，只喜欢在潮湿的地方生长。这一植物的辛辣令人印象深刻，此外，它在全球几乎所有的气候温和地区都有分布。

种植收获物的用途

两个明显的特征

在前一幅插图中，羊和水牛在牛倌的照看下来到河边喝水，吃着萹蓄。与此同时，一个牧场乐手坐在小丘上演奏笛子。他的同伴一边听他演奏，一边懒散地拄着手杖。在后一幅图中，水蓼被呈现在画面中央，那是一个河岸，有两个垂钓者正在钓鱼。和萹蓄不同，水蓼并不受牲畜的青睐。自古以来，这两种植物都被用来治疗各种不同的疾病。萹蓄是一种效果良好的疗伤药和止血药。水蓼的辣味使得它可以用于治疗坏疽，缓解牙痛，消肿，治疗咽炎，它的种子可以替代胡椒。它们的价值在 19 世纪初被遗忘，直到顺势疗法出现，它们才重拾风采。萹蓄在顺势疗法中被用于风湿病的治疗，而水蓼则被用于胃肠病、妇科疾病和血管淋巴管疾病的治疗。

根据品位选择自然或精致的品种

和这两幅插图所表现的植物不同，一些品种的萹蓄因其装饰价值而被种植。一种风铃草属的开花的蓼类植物——钟花蓼（*Koenigia companu-lata*）就是如此，还有小头蓼（*Persicaria microcephale*）。钟花蓼生长在凉爽的草原上，我很喜欢它的简约，以及它大簇的似风铃般的花朵（呈玫红色或白色）在 5 月至第一次霜降期间所形成的自然效果。它的适应性很强（能耐受 –20℃的低温），且喜欢富含腐殖质、凉爽和阳光充足的普通土壤。一旦它枯萎，我会马上剪掉它带花的茎干，以避免种子散播。球序蓼则更加精巧，我很喜欢"红龙"（*Red Dragon*）这一品种，因为它有壮观的紫色或鲜红色的叶，而且它的花会在 7—9 月开成穗。它同样有很好的适应性，喜欢略阴暗的地方以及富含腐殖质、凉爽甚至潮湿的普通土壤。在春天或秋天，我将它分株以此减轻它的负担，然后马上重新把它种下去。

欧亚多足蕨

Polypodium vulgare L.

植物学描述

蕨叶常绿

欧亚多足蕨是水龙骨科多年生常绿植物，有坚硬的块茎，匍匐生长。蕨叶最长可达 40 厘米，直立，悬挂在半空中，顶端是一个长尖。叶柄和花序轴通常为黄绿色。瓣片有简单的羽状复叶（仅有一度分裂），呈披针形，全缘（偶有微小锯齿）。孢子堆大而圆。蕨叶在春天生长，但在夏天或秋天来临之前都不会形成孢子。蕨叶四季常绿，直到来年草木新生的春季才会干枯。

小脚蕨

它的名称源自希腊语“poly”（意为“许多”）以及“podion”（意为“小脚”），这一名字与它茎干众多有关。该物种偏爱酸性土壤，但也可以在其他类型的土壤上被找到。它喜欢灌木丛、堤岸、巨石或新鲜潮湿的山谷，从海平面到亚高山带都有分布。在欧洲的花卉里，欧亚多足蕨是常在大树树干和树枝上生长的少数植物之一（人们称这些植物为附生植物）。在整个欧洲都可以找到它，尽管它在地中海、亚洲（从土耳其到西伯利亚）、摩洛哥和马德拉群岛中很少见，但也有分布。

种植收获物的用途

森林中的甜点

在灌木丛边缘的平缓斜坡上，草药医生坐在橡树浅浅的树荫下，树干上长有一些蕨类植物。也许他在采摘时嚼了一下这种植物的根茎，从而恰当地将它命名为“树林里的甘草”（réglisse des bois）？在中世纪，它的块茎被制成汤剂作为凉茶饮用，可在消化不良时促进胆汁分泌。与大多数蕨类植物的根茎一样，用它制成的糖浆可以缓解支气管炎引起的咳嗽。从 16 世纪开始，一些大型探险船上的医生会用它来预防坏血病。人们认为，在橡树树干上生长的多足蕨比在地面或岩石上生长的多足蕨更活跃。到 19 世纪，它才因根茎的甜味被用来给糖果调味或给烟草提香。

甘草的匮乏

我被这些小家伙的攀墙能力迷住了。欧亚多足蕨凭这种能力自然地融进花园中。它们理想的生长地是贫瘠、部分遮阴、干燥或中度潮湿的土壤。欧亚多足蕨有极强的耐寒性，常绿的蕨叶使它更迷人，因此，人们常用它装点植物墙。

直立委陵菜

Potentilla recta L.

植物学描述

瘦果飞起来了

直立委陵菜是蔷薇科（类路边欧亚青或欧洲龙牙草）多年生草本植物，具匍匐根。茎从根上的芽中长出，有毛，长 30~60 厘米。叶片为掌状复叶，具 5~7 个扁平、椭圆形、边缘有深齿的小叶，它们通常具有分裂的托叶。花呈淡黄色或更鲜艳的黄色，排列在相当密集的伞房花序中，其中布满了长柔毛和其他柔毛。花瓣的顶端呈扇形，花瓣的长度与萼片相当或比萼片稍长。花期在 5—7 月。成熟的心皮会形成瘦果，由于有一层膜包裹，这些瘦果看起来仿佛有翅膀。

一个统治者

“potentilla”源于拉丁语“polens”，意为“强大、活跃的”，因为这种植物具有很多药用特性。直立委陵菜生长在干燥、干旱的地方。在法国，这种植物在人口稀少的地区、南部、中心地区再到巴黎地区有少量分布。它的分布范围还包括中欧、南欧、西亚以及阿尔及利亚，在北美也随处可见。

种植收获物的用途

唾手可得的药物

采摘者采挖直立委陵菜根的原因有很多，也许他会把它们带回农场喂猪。但如果他是一名草药医生，他会将把这种植物制成一种宝贵的收敛剂用于紧致组织，或者制成一种有效的药水来缓解腹泻、痢疾和内出血。为了防止鼻子流血，农民们经常揉搓它的叶榨取汁液，然后以汁液擦拭额头。直到 19 世纪，苏格兰人和爱尔兰人都把这一植物视作一种食用蔬菜，并且发明了各种不同的叶片烹饪方法。在食物短缺的时候，他们会用这一植物的根制作面包。

慷慨且无需操心

春天，我种下几乎被人们遗忘的委陵菜。冬天一到，我会对其进行修剪，到了夏天它才会重新开花。大量鲜艳的黄色花朵在翠绿的叶子上绽放，使得它舒展而旺盛的簇变得更加活泼了。这一植物有很多品种，白花委陵菜（*P. alba*）有纯白色的花朵，紫花银光委陵菜（*P. atrosanguinea*）有深红色的花朵。这些品种都很耐寒（能耐受 –15℃的低温），且喜欢在贫瘠且排水良好的土壤上享受阳光。直立委陵菜无需浇水，是干燥花园中的理想植物。需要做的仅仅是简单地切开褪色的花序以延长花期，并在冬季结束时将茎剪下来。

欧洲报春 / 牛唇报春

Primula vulgaris Huds. / *Primula elatior* (L.)Hill.

植物学描述

单生或形成伞状花序的花朵

这两株植物都是报春花科（类仙客来或珍珠菜）多年生草本植物。

欧洲报春：属无茎植物，高 5~15 厘米。叶呈倒卵形，聚集在莲座丛中。叶片表面有凹凸不平的花纹，叶柄基部稍细，且有不规则锯齿，叶片下部被短柔毛，颜色较浅，上部深绿色无毛。花单生，无味，呈硫黄色（少数带红色），且每片花瓣的底部都有一个橙色斑点。花由多毛的花梗支撑，花梗的长度约等于叶子的长度，在花朵幼年时直立，随花龄增长而逐渐俯伏。花萼呈绿色，有毛，在其长度约一半的地方分出裂片。花冠的基部有褶皱顶部平坦。每片花瓣的顶部都是分裂的。花期在 2—5 月，果实为椭圆形蒴果，且处在花萼的上方。

牛唇报春：属无茎植物，高 10~30 厘米。叶子呈椭圆形，聚集在莲座丛中。叶片表面有凹凸不平的花纹，底部逐渐或突然变窄，有不规则的锯齿，两侧均呈鲜艳的绿色。花朵聚为伞状花序，无味，上部为硫黄色，基部为深黄色，花梗有毛。花序比叶片长，枯败时全程保持直立。花萼的角呈鲜绿色，略带毛，分成三角形的裂片，约占其长度的 1/3。花冠扁平，喉部无褶皱。果实是椭圆形的蒴果，且刚好在花萼上方。

如此早熟！

“primula”源于拉丁语“primus”（意为“第一”）以及“veris”（意为“春天”），意指报春花开花的时节是早春。

几乎在整个法国的花园、草地、堤岸和草坪等人口比较密集的地方，都可以发现欧洲报春的身影。它在欧洲很常见，在西亚和北非也可以找到，是一种常在公园和花园中生长的物种。

牛唇报春喜欢生长在亚高山带和汝拉山脉最高峰的黏土中。在法国，它几乎随处可见，但是在西部地区数量较少，而在地中海地区鲜有存在。它是一种在欧洲大部分地区都可以找到的植物，但在欧洲南部地区很少见。牛唇报春还分布在克里米亚和高加索地区。

种植收获物的用途

如此美丽！

马蒂奥利曾建议将整株植物的浸剂涂在头上，以消除偏头痛。18 世纪的英国人则会将它的嫩叶制成沙拉或像其他蔬菜一样煮熟。但是，报春花的最大优点也许在于出现在路边或花园的斜坡上时会发出奇妙的气味。

一种永恒的快乐

在我家里，小型欧洲报春花（约 15 厘米高）通常出现在 2 月。它有黄心的淡黄色花朵，是小树林的斜坡上最常见的品种，且能够自行播种。然后到了 3 月，大型的牛唇报春（约 30 厘米高）就会长出来。这是一种有淡黄色花朵的高株报春花。由于我喜欢报春花，加之在 500 个品种及其成千上万的杂交品种中有无限的选择，因此我每年都喜欢在三个栽培区中选出新的耐寒品种（能耐受 –15℃的低温）入驻我的花园。我推荐出自“熊耳朵”（Auricula）、“烛台”（Candelabra）和“银色蕾丝”（Polyanthus）的品种，其中包括“罗盘花”（Auricula）。如果照顾得当，它们会在 2—8 月开花。在 4 月，具有熊耳状叶和伞形花序的耳叶报春（*P. auricula*）（约 20 厘米高）散发着香味，且呈深黄色，最适合栽种在花盆或干燥的岩石中。之后，翠南报春（*P. sieboldii*）（约 30 厘米高）就会开出白眼紫花。到了夏天，我们就可以看到有紫色或白色花朵的大型日本报春（*P. japonica*）（约 50 厘米高），以及高穗花报春（*P. vialii*）（30~60 厘米高）和它那梦幻的淡紫色花朵之上长着红色的锥状体。最后，在报春花庆典结束的时候，我们可以看到香气馥郁的巨伞钟报春（*P. florindae*）（约 70 厘米高），其淡黄色花朵的表面被了一层薄薄的白粉。这三者都是种植在池塘边凉爽土壤上的理想植物，适合生长在半遮阴的地方，且最好朝东，以便在早晨享受阳光。为了确定它们是否耐寒，有必要在购买前进行检查。在 9 月至次年 5 月，也就是冰冻期以外的时间，可将它们栽在花园中。我建议在冬季用稻草包裹它们，一旦花期结束，撒些肥料即可使它们恢复生机。大多数报春花都可以种植在花盆中，因此露台上通常有它们的位置。

夏枯草

Prunella vulgaris L.

植物学描述

穗是蓝色还是淡紫色?

夏枯草是唇形科(类药水苏或银香科科)多年生(有时是二年生)草本植物,有坚硬的匍匐根茎。茎直立,高5~45厘米,稍被短柔毛。叶子大部分有叶柄,叶片为椭圆形或条状,其边缘完整或有锯齿。花呈蓝色或淡紫色,有时是淡黄白色,极少数为白色,且聚集在顶生的穗状花序中。花冠逐渐扩大。干燥的褪色花萼枯萎后,无花的花序呈一种显眼的褐色。花期在6—9月,也就是夏季。果实是四分果,顾名思义,它被分成了4个光滑的椭球形,顶端圆钝。

蜜蜂的激情

"brunelle"源自德语"bräune",意为"心绞痛",与植物的药用特性相呼应。这是蜜蜂非常喜欢的一种产蜜植物。夏枯草是一个相对多态的物种,它的多个亚种也曾被描述。我们可以在整个法国以及欧洲大部分地区的未耕地和草地上发现夏枯草。在西南亚、北非和北美洲(其驯化地)也有这一物种。

从采摘的种植

低调但满身财富

16世纪,意大利植物学家安德里亚·切萨尔皮诺(Andrea Cesalpino)提倡将夏枯草嫩叶磨碎制成膏剂,用于消除疖子。他还用这种植物的汁液、油和醋的混合沐浴液来医治偏头痛患者。同时,药剂师将整株植物与矿物质晶体混合制成汤剂,以治愈舌头上的炎症和咽喉充血。法国医生让·鲍恩(Jean Bauhin)让被毒蛇咬伤的人饮用玫瑰露和纯夏枯草汁制成的混合物。直到20世纪初,夏枯草仍然是农村经常用于治疗日常小伤口的植物之一。到了春天它的花朵盛放的时候,它的所有气生部分都会被人们采收、压碎并干燥,并能在人们被割伤时发挥凝结和愈合的作用。

园艺学上的表亲

夏枯草不是园林植物,但是它的外观和花朵会使我联想起匍匐筋骨草(*Ajuga reptans*),这是一种优秀的杂交产物,这种杂交主要是为了获得一系列漂亮的叶子,有艳紫色,还有混着粉红色和奶油色的绿色,从5月到6月,这些叶子上会开出亮蓝色的穗状花朵。匍匐筋骨草可以在阳光充足或半阴的地带形成一片完美的地被。冬季结束时,我会修剪丛生植的簇,并解开长节蔓,以便将它们种在更远的地方。我甚至会将它们插入残墙的石头之间,在那里,夏枯草可以很好地生存下来。

欧洲蕨

Pteridium aquilinum(L.)Kuhn

植物学描述

双头鹰

欧洲蕨是碗蕨科多年生草本植物，蕨叶会在冬天干枯，具有多分枝的根状茎。这种蕨高50~200厘米（有时更高）。蕨叶坚韧，叶柄坚硬，基部为深色，无毛且光滑。被切开的时候，其截面中可见维管系统的形状，会让人联想起双头鹰的轮廓。叶片为椭圆状三角形，有2片或3片羽状复叶，一阶的部分呈长圆状三角形，由小叶支撑，且对称生于轴的两侧。总体而言，二阶和三阶部分为三角形和披针形，数量不均，深埋在下表面的许多毛状部分中，且在顶端处呈大小不一的钝角。这种蕨类植物通常是不育的，孢子囊出现之后，就生长在叶边，通常被叶片反卷的边缘所覆盖。孢子在夏天开始传播。

是的！它就是一个巨人

“pteridium”来自希腊语“pteritidion”，意为“小蕨类植物”，但这个名字不太适合描述欧洲蕨所能达到的大小。欧洲蕨有时会以非常强势的方式在森林、田野、荒地和其他开放环境中生长，尤其是在荒废的区域。这一植物尤其喜欢硅质土壤。它不能在高海拔地区生长，但在法国、欧洲乃至世界各地，都很常见，除了沙漠和极地地区。

种植收获物的用途

真正的伴侣型植物

采摘者正在挖一棵蕨类植物，在他面前有一座带院子的农场，那里堆着两堆很大的草料。在农场外面，猪在两个人的监督下觅食。收割之后，这些植物的根茎将在冬季被用于喂养猪，而叶将被用于制作供农场中的儿童使用的草褥。1825年，普瓦黑特别指出这种蕨类植物在经济生活中的重要作用：“用干燥且磨碎了的根部，加上黑麦粉，可以在食物稀缺的时候制作粗粮面包。它的叶子在某些国家或地区被做成了牲畜的窝棚，或者作为加热炉子和烧制石灰、石膏、砖头时的燃料。从炉子中扫出的灰烬可以给田地施肥，为此，人们会在炎热的夏季将其砍倒。在将这一植物的果实晒干之后，人们会将其运输到犁过的土地上，并撒播在较厚的土层中。但是，它最常被应用的场景就是制造钾肥，而钾肥则在玻璃生产中被广泛使用。”

不太适应花园

它是一棵美丽的蕨类植物，但到了花园里就会变得完全无法控制。欧洲蕨一直都在自由空间肆意生长，因此它甚至应该获得先锋植物一等奖。它可以适应贫瘠甚至干燥的土地，且可以适应所有环境，尤其偏爱半阴的地方。在花园里，我将新鲜的蕨叶覆盖在地上，以保持土壤的凉爽和湿润。烧掉它的叶，将灰烬撒在土地上，能提高土地的钾含量。

药用肺草

Pulmonaria officinalis L.

植物学描述

美丽的叶片

药用肺草是紫草科（类紫草和勿忘我）多年生草本植物，有块茎。茎干高15~50厘米，直立，有棱有角，上部覆盖着粗糙的毛。叶子多毛，呈绿色，带有白色斑点。基部的叶有叶柄，瓣片呈披针形，顶端尖而基部圆。上部的叶片互生，细长，无梗。花朵聚在顶生的蝎尾状聚伞花序中。它们的花冠由5片花瓣相互连结而成，这些花瓣有淡红色、淡紫色、紫蓝色和酱紫色。花期在3—4月。果实是圆形四分果。开花后，根茎上会生出一簇叶子，它们可以促进药用肺草的无性繁殖。

植物肺

“pulmonaria”源于拉丁语“pulmoa”，意为“肺”。为它命名的是在植物学史上鼎鼎大名的德国人莱昂哈特·福克斯。而林奈则将它的物种命名为“officinalis”，该词直接指代与此植物相关的医学特性。该名称的起源与特征法则——也就是直接从植物的形状推断它的药用特性的理论有关。药用肺草叶片的形状会让人想起肺的形状，因而自古以来它就被用于与治疗咳嗽和其他呼吸道感染有关的疾病。在法国东部和东北部有大量的药用肺草。它也生长在西班牙、意大利、比利时，中欧、北欧以及高加索地区。根据所在地的不同，它会选择在酸性或碱性的土壤上生长，且最高可在海拔1800~1900米的地方生存。

种植收获物的用途

特征法则的明星

一个草药医生跪在溪岸边，手臂慵懒地倚靠在拐杖上，看着他刚挖出的药用肺草，似乎很怀疑。也许他正在思考著名的特征法则，根据该理论，形似肺的植物可以治愈肺部疾病。1815年，极具批判性的植物学家肖默东在一篇关于药用肺草的文章中写道：“可以把该植物叶子上夹杂淡紫色的白斑和肺部脓肿相比，我们由此估计这种叶子可能会对侵袭肺部的疾病有效。受到这个想法的启发，现代医学对此有了更准确的认识。”

阴暗处的光明

这是花园的大回归，药用肺草在那里惊人地铺展开来。它们在3月开花（药用肺草是春天首批开花的植物之一），之后我会在4月修剪它们，以它们在促进3个星期后发芽。这些漂亮的叶子将撑过整个夏天和秋天。药用肺草的耐寒性极好（能耐受–20℃的低温），是园丁真正的朋友，不喜欢生长在花园的阴暗角落。它们喜欢凉爽且富含堆肥的土壤，在钙质土壤和在酸性土壤中一样可以良好生长。它们会固守在原地，不会呈现入侵、蔓延的倾向。这一植物有许多品种的花朵都很吸引人，这给了园丁许多选择。

假叶树 / 马舌桂

Ruscus aculeatus L. / *Ruscus hypoglossum* L.

植物学描述

有扁平叶片的叶状茎?

假叶树和马舌桂都是天门冬科（类黄精和双叶绵枣儿）多年生草本植物，并且是常绿半灌木。

假叶树：茎干高 30~90 厘米，形成紧密的一簇。侧面的分枝呈水平状（称为扁平叶状茎），并且经常被误认为是叶子。真正的叶子是被叶状茎所支撑着的一些片状物。叶状茎无柄，互生，呈披针状椭圆形，且质坚，顶端有刺。假叶树的花并不引人注目，呈粉白色，在冬天和春天的时候直接在叶状茎（近无柄花）上长出，且通常是在叶状茎中心处。这些花可以单生，也可以两两聚集在小苞片的叶腋上。这是一种雌雄异株的植物，每一株植物都是单一性别（雄性植株长出雄性花朵，雌性植株长出雌性花朵）。果实为卵球形浆果，橘红色，大小和小樱桃，包含 1~2 个大种子。

马舌桂：马舌桂的尺寸更小。叶状茎不同于假叶树，较为柔软，3 片叶对生或环生，在基部分枝。这些叶状茎比假叶树的更大，其顶端也不是尖刺。二者的花较为相似。花期在 3—4 月。

广泛传播 VS 秘密传播

假叶树适合种植在石灰质土壤中，并且喜欢生长在低海拔地区，最高可在海拔 700 米的地方生长。假叶树是一种在法国相当常见的植物，但在北部和东部比较少见。法国之外，它可以在欧洲西部、欧洲中部、欧洲南部、西南亚和北非被找到。而马舌桂在法国比较少见，只分布在普罗旺斯的几个地方，但在地中海沿岸的其他地方以及土耳其西部还是比较常见的。

种植收获物的用途

在耶稣诞生的符号之下

插图中的场景让人联想到“出走埃及”（fuite en Égypte）。假叶树的果实提示我们插图中的时节是冬天，玛丽亚和她怀中的耶稣坐在驴上前行，约瑟夫在旁边陪伴着他们，远处河对岸的河滩上矗立着一座教堂，他们似乎正在离开河滩上的岩洞。近处，有两个人和几条追随着他们的狗。

有关善行的历史

自古以来，假叶树因其根部是一种有效的利尿剂而闻名。它的嫩芽可以像芦笋一样食用。直到 19 世纪，它的浆果和根部才在医学中被使用。1836 年，药物化学教授朱利亚·德·丰特奈尔指出它的主要用途在于治疗肝阻塞、脾阻塞以及其他内脏的阻塞。在那个时代，它的根部和加糖的干浆果被用于治疗淋病。如今，假叶树收缩血管的功效在各种不同疾病的治疗（小腿酸痛、痔疮和玫瑰痤疮）中都有应用。

圣诞花束

假叶树在树林中有广泛的分布。自童年起，我就会拿着长有果实的枝条做圣诞花束。尽管它的果实有毒，但这种小灌木精美独特，极具乡村气息，值得在花园中种植。我们总是会惊奇于它叶子（确切地说是叶状茎）上的小花，这些小花就像是粘上去的，一凋谢便会被亮红色的浆果所取代。如果将假叶树种植在松软、排水良好的土壤中，它将长成一片灌木丛。

稀有且不麻烦

马舌桂在我们的花园中极为罕见，只有少数苗圃才会推荐种植它。它生长缓慢，但有许多优点：种植条件简单、能抵抗寒冷、喜欢黏土和富含腐殖质的土壤，无论是在碱性、中性还是酸性的土壤中它都能生长。马舌桂可以适应半阴或全阴的环境，也可以在花坛或花盆中种植。

多蕊地榆

Sanguisorba minor Scop.

植物学描述

地下的新芽

多蕊地榆是蔷薇科（类欧亚路边青或龙牙草）多年生草本植物，有簇生的根部，假以时日，其上可以长出紧密的簇状根茎。多蕊地榆依靠长在地下茎干上的新芽繁殖。茎高 15~100 厘米，直立，鲜有铺展状或躺卧状，多分枝，少有单枝。基部的叶上有 9~25 片卵状椭圆形羽叶，其边缘有锯齿，这些羽叶由叶柄支撑。上部的叶插入茎干，叶量较少，尺寸较窄，边缘有更多锯齿。花为浅绿色、棕红色或鲜红色，无花瓣。萼片为椭圆形，绿中带红、鲜红或浅棕色，更罕见的有浅绿色。花聚为短的、通常呈小球状的一穗。花期通常从 4 月持续到 7 月，生长在高海拔地区的花期有时在 8 月。果实为瘦果。

世界主义志愿者

“sanguisorba”来源于拉丁语“sanguis”（意为“血”）以及“sorbere”（意为“吸收或停止”）。这一植物因其止血功效而闻名。在法国我们可以在海拔高达 1600 米的地方发现多蕊地榆，但在这样的高度，它的分布并不广泛。它在整个欧洲、西南亚、北非地区同样有分布，它还被成功引入了北美洲。这一植物有着多种不同的形态。

种植收获物的用途

艰难取得成功的草药

16 世纪，德国著名植物学家雅各布·迪特里希（Jakob Dietrich）认为：“如果我们把多蕊地榆的叶放在乳房上，就会源源不断地产出乳汁，甚至需要拿走这些叶以避免乳房肿胀。”多蕊地榆的学名为“Sanguisorba”，说明它有止血功能。它喜欢在石子地上生长，因而被认为可以分解体内的结石。在 19 世纪，医学应用领域将多蕊地榆抛弃，但仍被种植在人工草地上，还被用于饲养家畜。如今，它仅仅因具有烹饪价值而被种植。

多蕊地榆有味道

和本书介绍的其他两种地榆不同，多蕊地榆是被当作香料种植的。我在自己的花园中种植了一些，因为它可以用来制作沙拉。只需剪下一些嫩叶，就足以为沙拉添加一种新鲜坚果的风味。多蕊地榆喜欢松软的土地和充足的阳光。我在沙丘中还看到一株地榆（*Sanguisorba officinalis*），它能带来大而美的视觉冲击。

软雀花

Sanicula europaea L.

植物学描述

可感

软雀花是伞形科（类毒水芹和胡萝卜）多年生草本植物，无毛，具有坚实的根茎，倾斜。茎干高 20~50 厘米。叶片发亮，下部的叶片裂为 3~5 个部分，呈扇形，每片有 2~3 片裂片。上部的叶较小，几乎没有叶柄，而下部的叶均有叶柄。花为白色或浅红色，聚为伞形花序或伞房花序，花期在 5—7 月。果实有钩状刺，壁上布满了产生树脂道，这就是它有一股浓郁芳香的原因。

治疗师

“sanicula”源于拉丁语“sanare”，意为“治愈”，这一名称与它的药用价值有关。软雀花通过匍匐的根茎进行繁殖，其上会出现新生体。我们会在海平面至海拔 1700 米的草丛、阴地和潮湿森林中可以发现软雀花。在法国，这一物种很常见，但除了地中海地区。它在欧洲其他地区也有分布，在南欧它只能在阿尔卑斯山下生长，而在北欧就完全无法生长。它在中东和北非地区也有分布。

种植收获物的用途

灵丹妙药

在 1653 年再版的《植物通史》（*Histoire générale des Plantes*）中，医生兼植物学家雅克·达勒尚表示如果将软雀花制成粉末或熬煮，就可以制成治愈伤口的神药。关于这一点，人们常说：“拥有软雀花的人不需要外科医生。”将软雀花的叶、根和蜂蜜放入水里煮，可以得到漱口剂或另一种使呼吸道通畅的饮品。在农村，直到 20 世纪后半叶，随着抗生素的普及，农民才开始使用它来治疗痢疾。他们在晚上抓一把软雀花的叶浸泡在白葡萄酒里，然后第二天早上起来空腹喝掉。软雀花的叶同样也会给刚刚分娩完的母牛服用，可以促进它们排出胎盘。如今，软雀花在顺势疗法中用于缓解肠胃功能紊乱，尤其可以缓解便秘。

肥皂草

Saponaria officinalis L.

植物学描述

洗涤剂的香味

肥皂草是石竹科（类石竹或繁缕）多年生草本植物，通常无毛，有时被短柔毛，具有长长的根茎，根茎被分为很多部分，以供占领生境。茎高 30~70 厘米，直立且健壮。叶为椭圆形或披针形，其叶片有 3~5 条明显可见的叶脉。花有微香，呈玫红色、紫色或白色，花期在 6—10 月。花聚为紧密的聚伞花序。花萼为圆柱体，无毛，有的被短柔毛，有短而带斑点的裂片。花瓣完整，有时呈线状，有时平整或轻微凹陷，在其基部有 2 处短短的延伸。果实为蒴果。

很干净

“saponaria”来自拉丁语“sapo”，意为“肥皂”，这一名称与这类植物含皂角苷的特性有关。皂角苷基本只存在于植物的地下器官中。肥皂草在整个法国的野地中都有分布，但阿登山脉比较少见。在法国之外，我们可以在几乎整个欧洲和西亚发现它的身影。它最高可以在海拔 1600 米的地方生长。

种植收获物的用途

被过早地抛弃?

自古代以来，肥皂草的根部和它的整株都用于治疗各种类型的溃疡和伤口。直到 18 世纪末，医生们才认识到它有治疗性病的药效，特别是治疗梅毒，但它也同样用来治疗痛风和风湿病。我们还在它身上发现了缩小前列腺体积的功能。在 1834 年，让・洛克（Jean Roques）在他的《常用植物新论》（*Nouveau traité des plantes usuelles*）中强调：“如此珍贵的一株植物竟然很少被使用，在法国甚至被完全忽视了。在 15~20 年前，这是一种温和的净化、利尿药物，以前的医生十分钟爱这一植物，并且将其用于大部分慢性疾病的治疗。然而今天我们在诊疗过程中却不敢提起它。”在顺势疗法中，肥皂草以颗粒或酊剂的形式出现，用于缓解一些神经性皮炎造成的瘙痒。

一个美丽的统治者

我将“罗西娅·普莱娜”（Rosea Plena）这一品种种植在花坛里，它的匍匐根助得它夺得了花坛的控制权。它很美，会在 7—9 月长出半重瓣的玫红色花朵。它喜欢阳光充沛的地方，喜欢生长在排水良好的土地里，贫瘠或肥沃、中性或碱性均可。它非常耐寒（能耐受 –15℃的低温），每年都会落叶，但外观依旧浓密。

172.
164

圆叶虎耳草

Saxifraga rotundifolia L.

植物学描述

精致而复杂

圆叶虎耳草是虎耳草科（类肾形草或落新妇）多年生草本植物，整株被短柔毛。根茎上可长出新芽，新芽随后会发育成新植株。茎干有花，直立，空心，多分枝，高 20~60 厘米。下部的叶柔韧，聚在莲座丛上，有长叶柄。上部的叶沿茎干生长，叶柄较短，几乎无柄。下部的叶呈肾形，边缘多锯齿，有一层薄膜。叶片的正面呈绿色，背面呈浅红色。莲座丛中心的花序由一条长花柄支撑。圆叶虎耳草也有一些苞片，包裹着较小的叶片。花朵是精致的白色，常点缀紫色和橙色。花萼凹陷，由 5 片尖锐且直立的萼片构成。花瓣伸展呈五角星形，细长的花瓣形成一个比花萼长 2~3 倍的花冠。花期在 6—8 月，果实为卵球形蒴果。

雪中的星星

“saxifraga”由拉丁语词“saxa”（意为“峭壁”）以及“frangere”（意为“打碎”）构成。这一名称暗示着这一植物通常生长在峭壁上，且根会深入岩石缝隙中。圆叶虎耳草可以在树林和海拔低于 2500 米的山区（河岸）中生长。它在阿尔卑斯山下生长繁茂，有时也长于拔较低的地区。在法国，圆叶虎耳草广泛分布于群山之中，同样也分布在中欧、南欧以及西南亚。

种植收获物的用途

碎石机

插图中的圆叶虎耳草生长在山巅。它那星形的花告诉我们当时是春季，同时叶片的背面呈现出美丽的红色。然而却看不到采摘者！ 1566 年，马蒂奥利在对迪奥斯科里德斯《药物论》的评注中写道，将圆叶虎耳草的根及其全株的煎剂配上酒一起服用，可以粉碎肾结石并使其排出体外，同时清洁膀胱，促进排尿。由于它在岩石上生长并扎根于岩墙的缝隙中，因而有“碎石机”的名声。

山中的空气

我喜欢那些能够适应我的花园环境的植物。圆叶虎耳草的适应能力非常强，能耐受 –21℃的低温，且在 6—8 月开花。大多数虎耳草都需要阳光充足或半阴的环境，并且喜欢排水良好、新鲜且有堆肥的土壤。它适合种在假山或矮墙上，是一种美丽的地被植物。和图中的物种最接近的是阴地虎耳草（*Saxifraga urbium*），画家的失望情绪表现在了白色小花上，这些白花的红色小点十分显眼。此前，一些专门培植亚洲植物的新苗圃推出了很多品种，例如长了奇特白色花朵的虎耳草品种“日本”（Japon），还有衍生自齿瓣虎耳草（*S. fortunei*）的一些品种，这些品种的花在秋天会开五六个星期，它们颜色喜人，且一个比一个奇特。虎耳草不需要特殊照顾，繁育也很简单，只需从苗圃中拿一些成熟植株上的叶子，并移栽到其他地方就可以了。

二叶绵枣儿 / 雪滴花

Scilla bifolia L. / *Galanthus nivalis* L.

植物学描述

蓝色，绝对的蓝色

二叶绵枣儿：天门冬科（类假叶树和玉竹）多年生草本植物，有球茎。茎干高 10~20 厘米。只有 2 片叶子（很少有 3 片）。叶片长而窄，弯折成沟状，包裹着长了花的茎干，一直到茎干的中部，长度和茎干相当。花呈蓝色，有时呈玫红色或白色，聚为展开的总状花序。花瓣的周围没有苞片，由花柄支撑，花柄长度是花的 2~3 倍，花期在 3—5 月。雄蕊和雌蕊一样均为蓝色。果实为卵球状蒴果。

雪滴花：石蒜科（类水仙花和雪片莲）多年生草本植物，有球茎。茎干高 15~30 厘米。叶片两两或三三聚集，宽 5~8 毫米，且比花序短。花呈白色，为单花，悬挂于茎顶。花被由 3 片外部的被片组成，外部被片比内部的 3 片要长，被片凹陷，有斑点或有绿色条纹。花期在 2—3 月，果实为带肉蒴果。

两片叶或什么也没有

"scilla"来源于阿拉伯语，意为"绵枣儿"。在法国的牧场和林下灌木丛中生长，并且最高可以在海拔 1500 米的地方存活。这一植物广泛分布于树木茂盛、潮湿和多山的地区，在欧洲中部、南部，高加索地区以及小亚细亚半岛都有分布。

"galanthus"由希腊词语"gala"（意为"牛奶"）以及"anthos"（意为"花"）构成，这样的构词暗示着雪滴花纯白的颜色。雪滴花是冬天过后首批开花的植物之一，这使得它获得了"雪花莲"的俗名。我们可以在海拔高达 1600 米的地方见到它。它喜欢在法国西部、中部和比利牛斯地区的树林、灌木丛和草原中生长，是一种很少被人工种植的植物。它的分布区域包括了欧洲（中部和南部）以及西亚。

种植收获物的用途

春天的预告!

当其他植物还栖息在花园的落叶底下时，二叶绵枣儿和雪滴花已经在第一缕宣示立春的阳光下开花。随后，在树木开始长叶子的时候，它们就会进入休眠期。这两种植物的适应性都很强。在我家，雪滴花从 2 月起就会兴冲冲地长出来，一直持续到 4 月，然后被二叶绵枣儿取代。秘鲁的二叶绵枣儿会在 5 月开花。花期一过，趁它们还未凋谢，我就会将它们分别进行移栽。

斗篷玄参

Scrophularia peregrina L.

植物学描述

被风抚摸

斗篷玄参是玄参科一年生草本植物，无毛，主根坚韧而细长。茎秆空心，高30~65厘米，截面呈四边形，有4个非常尖锐的角，通常呈红色。叶对生，带叶柄。叶片为心形，但基部有缺口，呈浅绿色，边缘有尖锐且不均匀的锯齿，叶片薄且较为柔软。花呈红棕色，长在上部叶子的叶腋中，2~5朵聚在敞开的聚伞花序中，聚伞花序又组合为带叶的圆锥花序。花梗的长度是花萼的2~4倍，花萼有披针形和尖裂的叶，呈绿色，无膜质边缘。花冠长5~8毫米，喉部膨大，在上唇的底部有一个圆形的小鳞片。花期在4—6月，果实是无毛的蒴果，几乎呈卵球形，顶端尖锐。

诗歌之友……

“scrophularia”来自拉丁语“scrofulx”，意为“瘰疬”，这种疾病也被称为“écroulles”（即一种颈部结核性淋巴结炎）据说斗篷玄参可治疗这种疾病。这一植物主要分布在法国南部和西部的树篱边缘、葡萄园、田野、墙壁、堤岸以及凉爽的草地，还出现在法国的阿摩尔滨海省。世界范围内，该物种在欧洲西部、西南以及南部，小亚细亚半岛，叙利亚和北非也有分布。

种植收获物的用途

座位上的草

图中是秋天的一片废墟。在近景中，两个猎人在看鸟飞翔，而另一个人则在找斗篷玄参。此处有桥，意味着凉爽，这一植物在这样的环境下会蓬勃生长。马蒂奥利表示斗篷玄参的根可以治愈瘰疬和痔疮，因为它有多个形似痔疮的小结节，有些人甚至愿意将其戴在身上以进行治疗。人们常在秋天将它的根从地里拔出，洗净、压碎并加入新鲜的黄油，再将其放在潮湿处的密闭陶罐中存放约15天，然后在使用前将混合物用小火融化。18世纪60年代初，医学教授安贝尔在参观植物园时向学生介绍这一植物，指出“斗篷玄参适用于治疗肛周溃疡，这就是它被称为‘座位上的草’的原因。”1825年，普瓦黑描绘了斗篷玄参不讨喜的形象，并否认其药用价值。又因这种植物“会危害牧群”，普瓦黑认为它长在草地上毫无用处。他还解释说，这一植物的拉丁名叫“scrophularia”的原因是它被认为可以治疗瘰疬结肿，而“scrofa”在拉丁语中意为“母猪”，因为母猪非常容易患上此病。

凉爽土壤中的“美人”

花园里，我更喜欢其他美学特质更强的玄参属植物。例如彩斑水玄参（*Scrophularia auriculata*），其美丽的深绿色叶片边缘覆有奶油色，每年6—8月，其高大的茎干（约1.2米）会开出小而隐匿的暗红色的花朵。这一植物的耐寒性很强（能耐受 –15℃的低温），需要潮湿、凉爽、阳光充足或半阴的土壤，因此对它而言，水边是个理想的选择。

紫景天

Sedum telephium L.

植物学描述

令蜜蜂疯狂

紫景天是景天科（类长生草和景天）多年生草本植物，具有粗壮的根茎。茎干从根茎长出，高20~70厘米，直立。叶呈椭圆形、圆形或长椭圆形，肥厚，平整，长2~4厘米。下部的叶无柄或有短柄，基部变逐渐变宽；上部的叶中间部分变宽，并有不均匀的锯齿。花期在7—9月，花为黄白色，并聚为伞房花序。它含有丰富的花蜜，于蜜蜂而言是一种珍贵的资源。果实为蓇葖果。

它坐在墙头，墙裂了一道口

“sedum”来自拉丁语“sedere”，意为“坐”。之所以这样命名，是因为这一植物扎根的姿势类似坐在墙头或坐在岩石上。它喜欢树林的边缘和石子地，我们可以在不同的海拔高度遇见这一肥厚的植物。此外，我们不仅可以在整个法国见到它，还可以在中欧、北欧以及高加索地区找到它的踪迹，这一植物已经被引进北美。

种植收获物的用途

美丽的皮肤

医生、植物学家雅克·达勒尚说，“telephium”一词意指忒勒福斯（密西亚的国王）身上严重且难以治愈的溃疡，阿喀琉斯造成了这个溃疡。迪奥斯科里德斯认为，用完大麦药膏以后再使用紫景天叶涂抹，持续6小时就可以治疗皮肤上的斑。盖伦也曾说它可以治愈严重的溃疡。在同一时代，这一植物还被用于促进伤口和瘘管愈合。如今，在多种顺势疗法中，紫景天被用于退热、加速愈合以及缓解痔疮。

如此慷慨！

我喜欢它们的不请自来，它们会溜到花园中最干燥、阳光最充足的角落。只需一只鸟运送它们的种子，然后再等几个月，就可以看到紫景天漂亮的根茎长起来。我发现景天科植物有丰富的园艺品种，例如高45厘米的八宝景天（*Sedum spectabile*），我会将它种植在阳光充足的花坛上，配以干燥的土壤和欧石楠。在9月，它会开出美丽的玫红色花朵，其中花蜜丰富。我也会选择一些更小且寿命更短的品种，让它们铺满整个砾石花园。它们之中有在5月开亮黄色花的锐叶景天（*Sedum acre*）（高10厘米），在6—7月开茂盛的白花的玉米石（*S. album*），以及在7—8月开黄花的六棱景天（*S. sexangulare*）（高5厘米）。我建议在秋天的时候对紫景天进行修剪，使它们变得更强壮。但紫景天的适应性确实很强，它不需要特殊的照顾，甚至可以形成一个完美的绿化屋顶。

罗马毒马草

Sideritis romana L.

植物学描述

很多毛，很多锯齿

罗马毒马草是唇形科（类药水苏或牛至）一年生草本植物，全株有毛，主根发达，有非常细的小根。茎干高 10~30 厘米，主茎的根部常发育出侧茎，最终长成倾斜或较直立的茎干。下部的叶有叶柄，上部的叶和苞片无柄。叶片为椭圆形，顶端钝，边缘齿状，锯齿多且硬，位于叶子的下半部分或 2/3 处。苞片很多，无梗，形状与下部叶片相似。花呈白色，有时为粉红色，5~7 枚花朵腋生于轮生体中。花萼具小唇，基部前方有一处膨出，脉络明显。上叶的齿要比下叶所带的 4 个齿长。花冠具两片唇，略长于花萼，上部的唇完整露出，花冠管内被一圈毛覆盖，花期在 5—8 月。果实为瘦果。

惊人的矛头

"sideritis"源于希腊语"sideros"，意为"铁"，与其长矛状的花萼裂片有关。罗马毒马草生长在地中海地区以及滨海夏朗德省的海拔 550 米以上的干旱石地或沙地中，也广泛分布于南欧、西南亚和西北非。

种植收获物的用途

植物学难题

插图中的情形对雄鹿和雌鹿都很不利，因为它们后方紧跟着骑马的狩猎者和猎狗，尤其是它们还完全暴露在长有罗马毒马草的草地上。迪奥斯科里德斯认为罗马毒马草治疗伤口有奇效。一个世纪后，盖伦用它治疗脓肿和止血。马蒂奥利在 1566 年写道，这一植物的种子和叶子是治愈伤口的主要材料。但仍有必要确定这是罗马毒马草，因为古代的作者不认同用"sideritis"这一名称来命名它。直到 1825 年，普瓦黑指出，这一植物不仅不再具有医学价值，而且也没有人真正知道它的名字。"sideritis"这一名字源于希腊语"sideros"（铁），古人用这一名称命名治疗被铁器所伤的植物。现代与古代的"sideritis"既不是同种的植物，特性也不同，因而不可能出现在第一批植物学家的作品中。安托万・古安曾在 1804 年发问，为什么这一植物在今天被弃用，而在古代却得到广泛应用？

仅适用于干燥的花园

一些专门种植旱地植物的苗圃会提供塞浦路斯毒马草（*S. cypria*），这是一种小型植物（盛开时高达 50 厘米），在夏天会长出优雅的黄色花穗，其上有绿色苞片。它的耐寒性尚可，能耐受 -10~-12℃的低温，且可在贫瘠、干燥、石质或砂质、排水良好的土壤上生长。它非常耐海盐，因而也适合种植在海边的假山花园或砾石地中。其他可栽于花园的品种还有叙利亚毒马草（*S. syriaca*），即著名的"希腊山茶"（thé grec des montagnes），其叶、茎和花都可用于制作饮料。它的生长条件与塞浦路斯毒马草相同，灰白色的叶上可以开出黄色的花。

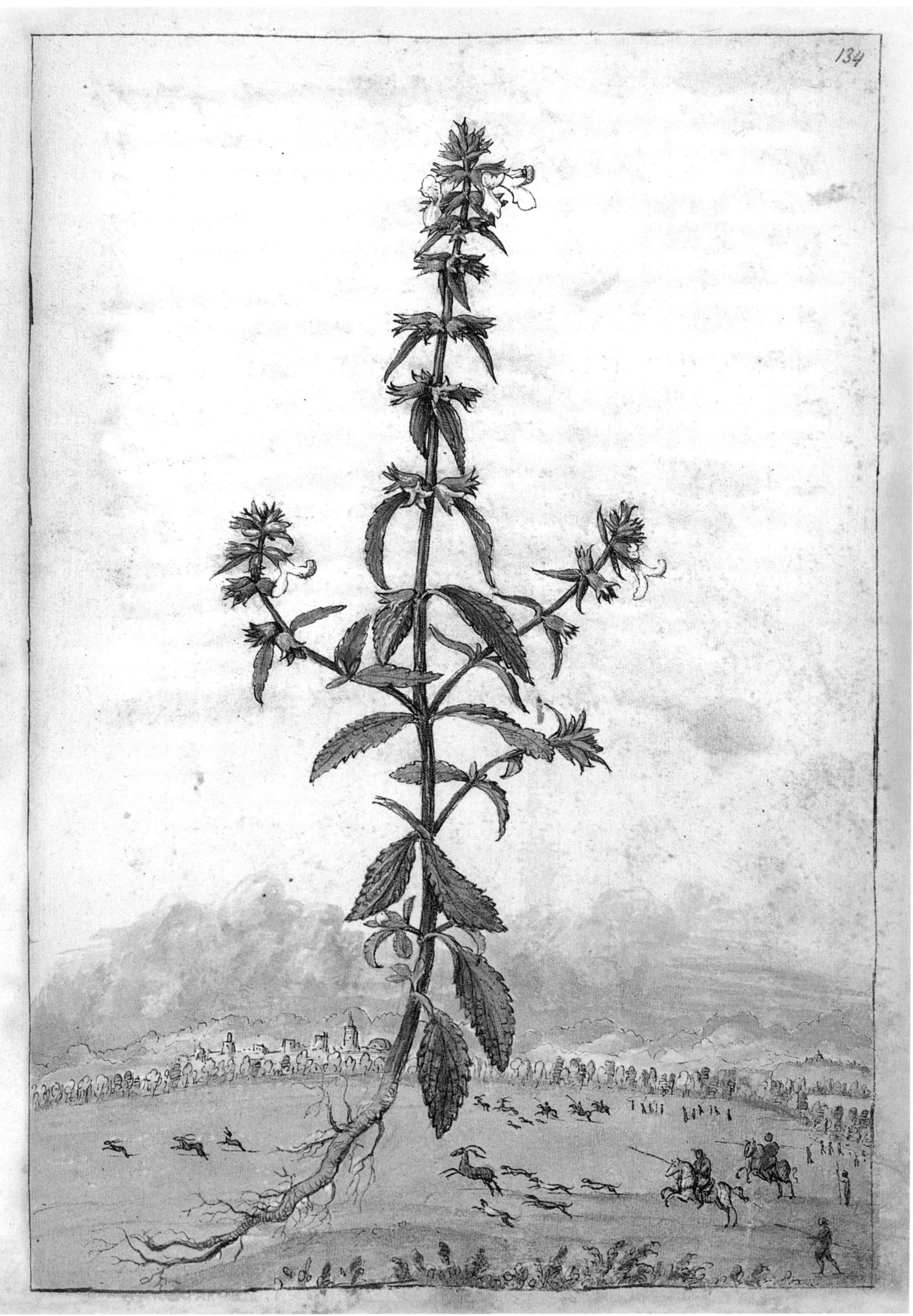
134

马芹

Smyrnium olusatrum L.

植物学描述

不会消失的手杖……

马芹是伞形科（类滨海刺芹或水芹）一年生草本植物，有肉质的主根。整株植物无毛，茎干外表有槽，茎干内部中空，高 60~120 厘米。叶子为浅绿色，小叶较宽，呈新月形，且有锯齿。下部的大叶被一分为三，上部的叶子通常只是 3 片小叶，并有一个较大的鞘，其边缘被卷曲的纤毛覆盖。伞状花序中包含 6~15 条花梗，在结果时会变粗。每条花梗上都有一个被短苞片支撑着的小总苞，这些短苞片在果实成熟期间会脱落。花萼无锯齿，花瓣呈黄绿色或淡绿色。花期在 4—7 月，果实为卵球形瘦果，成熟时呈黑色。

花园中的逃亡者

“smyrnium”衍生自希腊语“smyrna”，即这一植物的希腊语名称。马芹喜欢在荒地上生长，但也喜欢树篱、灌木丛、草地和草原，在高海拔地区无法生存。根据其分布的地区不同（包括法国），这一植物要么很常见，要么非常稀有。它有时以调味品或蔬菜的形式被种植，却经常逃离花园并回归自然。马芹在欧洲南部和西部、西南亚、北非和加那利群岛都有生长，有时也会被栽种在气候凉爽的地区。

种植收获物的用途

抛弃马芹，选择芹菜

在迪奥斯科里德斯所处的时代（1 世纪），在盐水中浸泡的马芹嫩叶被建议用于治疗肠绞痛，将它的根放入水中煮沸可舒缓咳嗽、呼吸，在人排尿困难时也可以利尿，但也有人认为这一植物会导致流产。从那时起直到中世纪，马芹被当作蔬菜食用，它的叶子和欧芹类似，因而可以用于调味。在秋天将它的根部拔出，然后在棚子里放置几周，它的苦味就会消失，还会变得更嫩，就可以食用了。它的种子捣碎后被认为可以防治虱子。它曾经被广泛种植，到了文艺复兴时期就逐渐被出现在菜园里的芹菜所取代。19 世纪，马芹不再应用于医学领域，同时在餐桌上也逐渐被芹菜所取代。

菜园中被寄予期望的植物?

在一股蔬菜被遗忘的趋势之中，马芹仍然有机会重返餐桌。这一庞大的植物（高约 1 米）的耐寒性极强（能耐受 –25℃的低温），且需要富含腐殖质、深厚、疏松、肥沃、排水良好和阳光充沛的土壤。播种马芹可在 2—5 月或 9—10 月进行，一旦种好，就只需等待它长出种子，它会自行播种。如果气温很高，马芹基部的覆盖物会保持根茎的凉爽。在需要的时候，可收割马芹新鲜的嫩叶；在秋天挖出马芹的根部，焯水备用于烹饪之前必须放置一段时间。

龙葵

Solanum nigrum L.

植物学描述

欲念之果

龙葵是茄科（类颠茄和酸浆）一年生草本植物，主根发达。茎干高 10~60 厘米，无毛或被少量柔毛，有棱角，茎表皮贯穿有一条明显的凸出的线。叶子柔软，呈深绿色，具叶柄。叶片为椭圆形，渐尖，有不均匀的裂片，有时完整，带有不规则的齿状或弯曲边缘。花很小，颜色呈白色或艳紫色，5~6 朵聚集在伞房花序中。花期在 5—10 月，果实为圆形浆果，大小如同醋栗，成熟时先呈绿色，后变成黑色。

黑太阳

“solanum”是茄属植物的古老拉丁名称。它可能衍生自“sol”一词（意为“太阳”）以及“noire”（意为“黑色”），指成熟时果实的颜色。这一植物在整个法国甚至欧洲都很常见，我们可以在高海拔地区的避风地带、瓦砾地带以及田地中找到这种植物。在田地中，龙葵可能只是一种野生植物。它已被引入世界上的许多地区（如北美，南非，澳大利亚等）。这一植物属于茄科，因而和该家族的许多其他成员（曼陀罗、颠茄……）一样具有毒性。

种植收获物的用途

阴谋与神秘

在插图中，草药师在黄昏时才出现，这一画面象征着这种黑色茄科植物的麻醉作用。他准备采摘龙葵的果实和花朵，这说明了场景发生在深秋，甚至可能是在初冬。他将如何处理这些东西？将其制成可以治疗失眠的药物？或像波斯医生阿维森纳（Avicenne，980—1037）推荐的那样，将它的叶子制成膏药用于治疗恶性溃疡？或制成煎剂用于缓解胃炎？或像几个世纪后的植物学家约瑟夫·皮顿·图尔内福特（Joseph Pitton de Tournefort，1656—1708）所说的，用于治疗痔疮、皮疹和其他皮肤病？这一植物是女巫和魔术师所崇拜的植物，丰富了奇幻故事和关于恶魔的传说。历史学家朱尔斯·米歇尔（Jules Michelet，1798—1874）在其 1878 年出版的题为《女巫》（*La Sorcière*）的随笔中对此有强烈共鸣。然而这并不能阻止它被写进现代药典中，因为其中某些成分（例如茄碱）的使用剂量把握得当，就会发挥许多药性（作为镇痛药、镇静剂等），包括公认的抗带状疱疹的作用。

被从菜园中驱逐

在菜园里，龙葵可能会与土豆，甚至西红柿（它与这两种植物是近亲）的根部纠缠在一起。除了与它们外观不同外，龙葵还是完全有毒的。龙葵的浆果由于和成熟的樱桃类似而极具诱惑力，但它会引发严重的中毒症状。

药水苏

Stachys officinalis(L.)Trevis

植物学描述

方茎

药水苏是唇形科（如百里香和石吞）多年生草本植物，根上有许多茎，可进行活跃的繁殖。茎高而细，高 15~65 厘米，底部有毛，横截面呈正方形，这是唇形科植物的典型特征。由于叶片位于茎干的基部，因此叶片上的叶柄会更长。叶片为长椭圆形或心形，边缘有规则的锯齿，叶脉明显。花呈粉红色，有时呈深紫色。花瓣聚为具有 2 个苞片的穗状团伞结构，因而长得像叶片，且比花序短。花萼的上部有毛，上面的锯齿的长度不会超过花萼长度的一半。花冠为长 10~15 毫米的管状。花期在 6—9 月，有时会在 10 月。果实为瘦果。

穗状花

“stachys”在希腊语中意为“穗”，这表示药水苏拥有穗状花序。在法国，除地中海的东南部地区以外，这种植物的踪迹几乎遍及草地、树林、灌木林和沼泽。其分布范围还包括几乎整个欧洲、西南亚，阿尔及利亚和突尼斯，该物种在北美也已经被驯化，但是它很少生长在海拔 1700 米以上的地方。

种植收获物的用途

一种解毒药

在普林尼所在时代的罗马，人们普遍信仰“种植了药水苏的房子，无须向众神献祭以求得保护”这一说法。根据希腊的迪奥斯科里德斯的说法，药水苏的叶和汁液可以应对有毒动物的叮咬，也就是可以解毒。同样，在体内中毒情况下，服用根和叶制成的煎剂可以促进排泄，进而将毒素从体内排出。让·德·勒努在 17 世纪报道说，药水苏因其“伟大且令人钦佩的药用价值”而被栽种在花园里，同时，他说早上服用药水苏煎剂和葡萄酒的混合物，就足以确保在一天之内不中毒。随着时间的流逝以及 19 世纪科学家不断的观察，对于药水苏这些特性的认识逐渐减少。因此，弗朗索瓦·约瑟夫·卡赞（François–Joseph Cazin）仅仅认识到它具有通过吸入的形式治疗肺部疾病的特性。如今，药水苏已成为顺势疗法的一部分，尤其是在戒烟方面，同时也在感冒和痛风的治疗中发挥作用。

在适合生长的自然花园中

我一直在树林的山坡上看着它，它是花园中不请自来的植物之一。相较我的玫瑰，蚜虫似乎更喜欢药水苏的叶子，因而我会将玫瑰栽种在它们脚下。它在夏天和秋天开花，需要充沛的阳光或半阴、松软、不太肥沃且排水良好的土壤。在众多因美学价值而极具魅力的药水苏品种中，我推荐棉毛水苏。它银白色的叶子在阳光下尤为美丽，且不怕干旱，但开花后必须及时修剪，防止它重新播种。

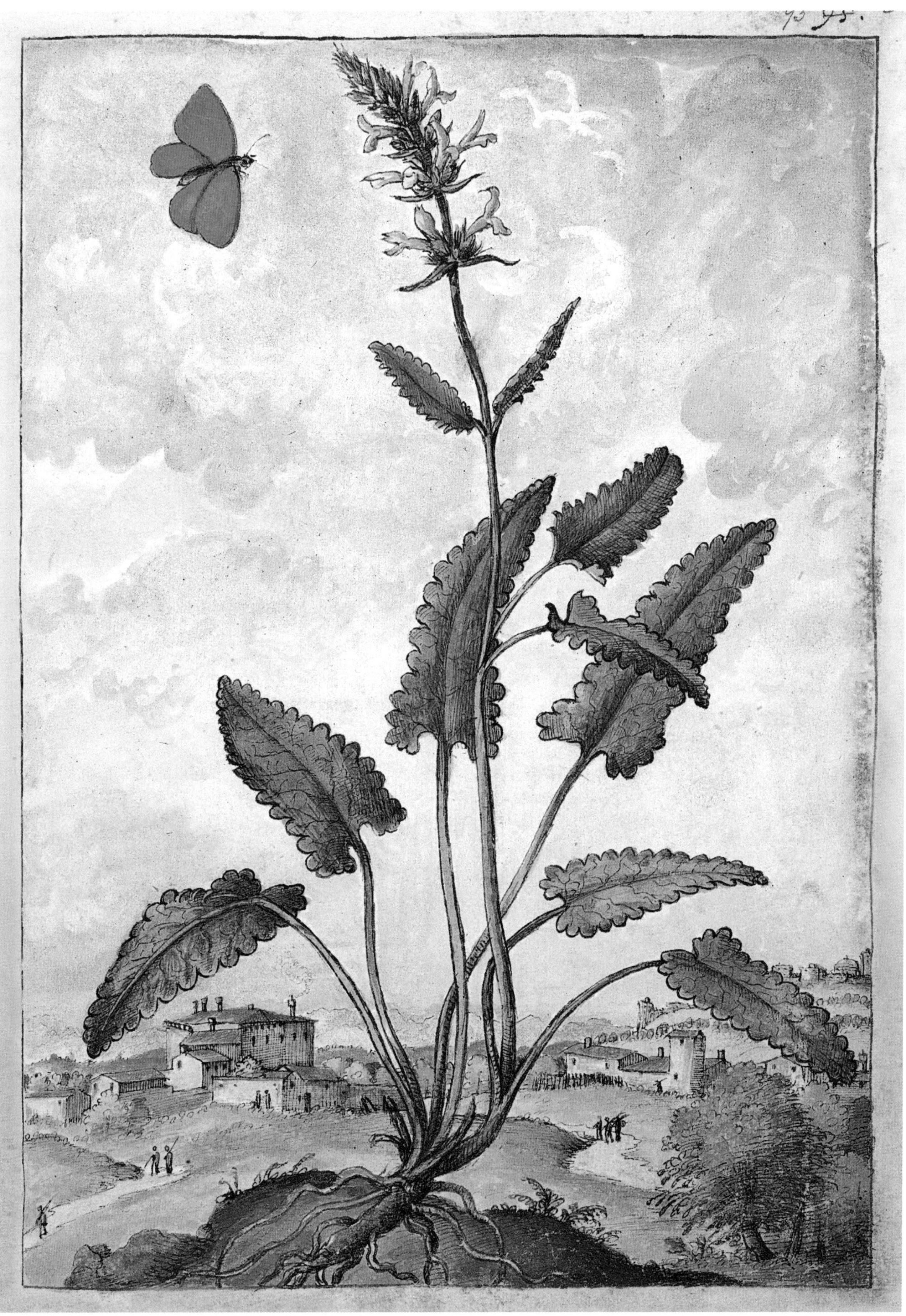

繁缕 / 药用墙草

Stellaria media(L.)Vill. / *Parietaria officinalis* L.

植物学描述

株与株真的不一样

繁缕（插图左侧）属石竹科（类石竹），药用墙草（插图右侧）属荨麻科（类荨麻）。

繁缕：一年生、二年生或多年生植物，无毛，呈青绿色。茎干横截面为圆形，高5~30厘米。叶为椭圆形，渐尖；下部的叶有叶柄，上部的叶无叶柄。花为白色，有时呈浅绿色，聚为顶生的聚伞花序，在雨天会闭合。萼片为条状，被短柔毛或无毛。花瓣比萼片要短，分裂为2片不同的裂片，这会使人认为它的花有10片花瓣而非5片。繁缕全年开花，果实为卵球形蒴果。

药用墙草：多年生植物，呈浅红色，有毛，根茎长10~30厘米。叶片的大小各不相同，且都有叶柄，叶片很长，呈椭圆形且十分显眼。花聚为紧密的团伞花序，多分枝，有次柄，位于茎干的顶端。花可以是雌蕊、雄蕊（罕见）或双蕊，周围有一圈完整的椭圆形苞片，苞片比花要短。花期在6—10月，果实为亮黑色瘦果。

“世界主义者”和“宅男”的相遇

“stellaria”源于拉丁语“stella”，意为“星星”，这一命名与它花瓣的排布有关。繁缕分布在田地或野地里，可以在海拔高达2000米的地方繁衍，因而是相当具有世界性、且适应性很强的物种。

“parietaria”衍生自拉丁语“paries”，意为“城墙”，这一属的植物主要生长在法国的废墟和野地的残墙和岩石上，这些地方的海拔都很低。在法国之外，它还分布于西亚和北非。

种植收获物的用途

两种用途奇特的植物

插图所展示的繁缕以烟雾为背景，这些烟雾来自后面一栋高楼的烟囱。这株植物在16世纪的药物文献中很少被提及，雅克·达勒尚阐述了它的用途。他谈到这一植物的叶和根具有收敛作用，德国的外科医生声称它们的汤剂可以使松弛的胸部更加结实。他还建议燃烧这一制剂，并让女性吸入烟气，这样就可以恢复童贞。至于药用墙草，他指出，德国人会称它为“glaskraut”（玻璃草），因为它的叶和粗糙的种子可以挂在衣服上，因而是一种完美的擦玻璃的材料，这也是它的法语俗名“玻璃草”的由来。

聚合草 / 块茎聚合草

Symphytum officinale L. / *Symphytum tuberosum* L.

植物学描述

根的历史

聚合草和块茎聚合草都是紫草科（类肺草和天芥菜）多年生草本植物，有粗厚的块根。

聚合草：多年生植物。根部粗壮且有纤维，很长，但不是块茎。横截面为四边形的茎干，高 40~120 厘米，很长，上部多分枝，偶有小翅。叶互生，坚实，除了顶部的叶，其他的叶片都呈椭圆状披针形。叶表面被硬毛，同茎干一般。花倾斜，呈白色、浅黄色或玫红色，总状花序的形式聚为并悬于植株顶端。花冠比花萼长 2 倍，花柱的长度超过花冠。果实为发亮的瘦果，且 4 个为一组聚集在一起。

块茎聚合草：多年生植物，有块茎。茎干高 20~60 厘米，细长，有薄翼。叶较薄，呈椭圆状披针形。花为黄白色，花期在 4—7 月，果实为瘦果。

从大西洋到西伯利亚

“symphytum”源于希腊语“sumphuó”，意为“胜利了”，这一命名与这些植物治愈伤口的作用有关。

聚合草可以在沟渠、潮湿的草地和水边遇到。它在法国以及欧洲（特别是欧洲中部）、西西伯利亚有分布。

块茎聚合草的生境和聚合草相同。这是一种土生土长的西欧植物，但在俄罗斯南部也有分布。

种植收获物的用途

修复的功效

插图中，聚合草被种植在一片湿润的临河牧场上，这条河推动着一座水磨坊运转。聚合草被置于它最爱的土地上，块茎聚合草和它分享同一片田地。1624 年，让・德・勒努医生建议用糖浸煮聚合草的根部来获取一种药物，用于治疗痔疮、抑制咳嗽。把聚合草的根部洗过之后，用研钵将其捣碎并加糖混合制成糊，就可以熬煮了。新鲜的聚合草根经常被用于治疗哺乳期妇女乳房的皲裂。这些妇女在聚合草的根上凿出一个小方孔，然后把皲裂的乳头埋进孔里，以缓解疼痛，同时促进伤口愈合。在林奈命名法出现以前，聚合草叫作“consolida”。它也被接骨医生使用，他们将其干燥的根部捣碎制成药膏，用于治疗骨折和脱臼。最近，它被证明含有尿囊素，这是一种生物碱，可以促进骨骼的生长。

一株真正的耐阴植物

在我家，聚合草可以与它的邻居——杜鹃花和谐相处。在杜鹃的下方，聚合草很快会形成地被，就如同在大多数的小灌木的下方一样。然而把杜鹃花和一些多年生植物放在一起的话，就不是那么回事了。我们不该对它们快速繁殖的能力感到害怕，因为它们的繁殖很快就会停止。一旦花期过去（在科坦登半岛，这种情况发生在 4 月），就应对聚合草进行修剪，使得它们在夏天能长出新叶。

自然花园的朋友

聚合草是一株可应用于朴门永续设计的冠军植物。一个好的园艺师会在花期前剪下它的叶，用以铺满花坛或制成粪肥，这种粪肥可以充当叶肥使用，因为它含有丰富的钾元素。可以把 1 千克叶放在 10 升水里泡两个星期，然后把得到的粪肥泼洒或喷洒在菜园中蔬菜的根部或叶上。它还是制作堆肥的完美材料，因为它能够促进肥料分解。近年来，俄罗斯聚合草（Russie）广受青睐，因为它的钾含量是最高的，并且它不育，因而不会蔓延开来。

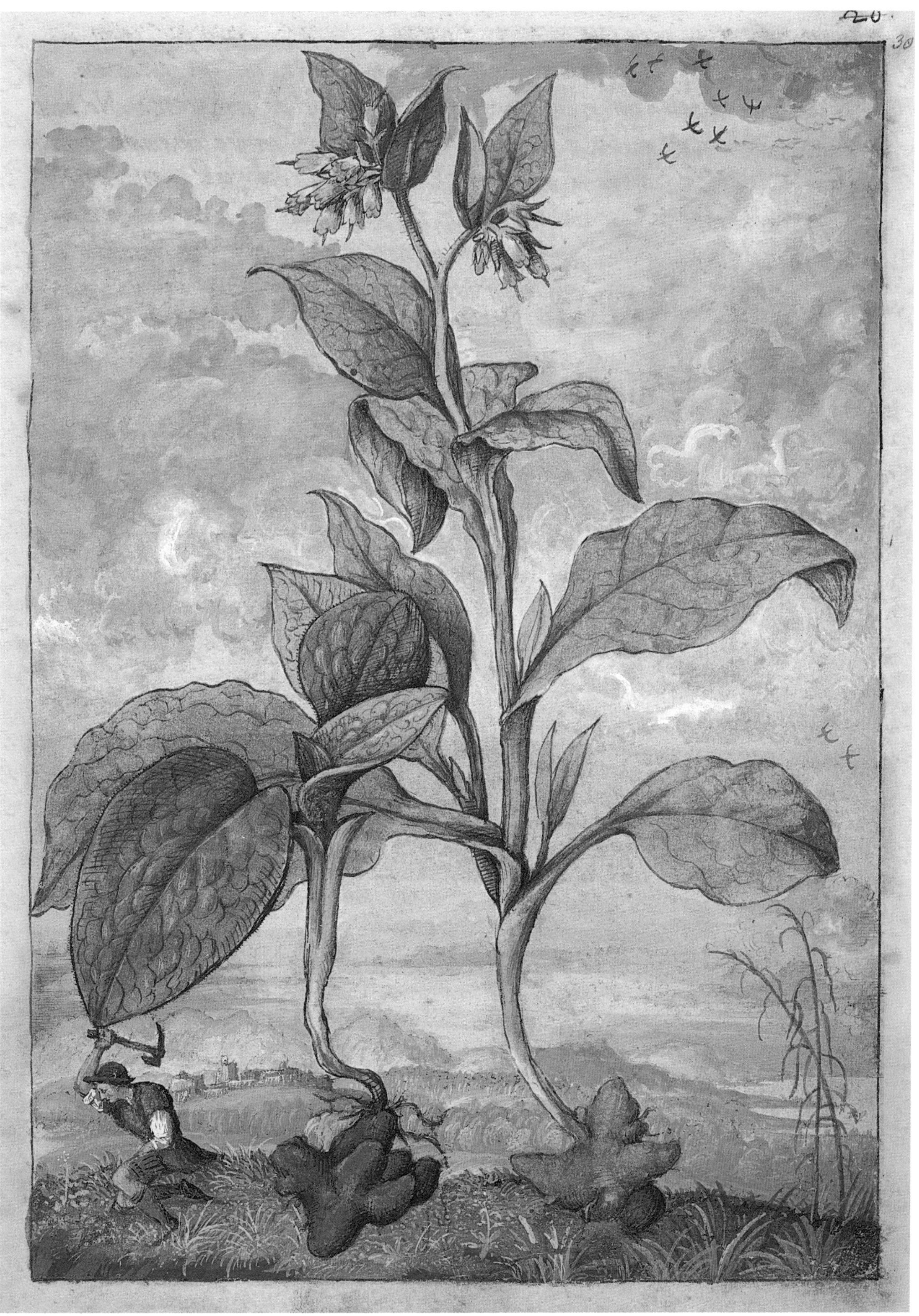

欧香科科 / 蒜味香科科

Teucrium chamaedrys L. / *Teucrium scordium* L.

植物学描述

两个远亲

欧香科科和蒜味得香科都是唇形科（类水苏或罗马毒马草）多年生草本植物，有木质茎和长长的块茎，质地坚硬，其上遍布不定根，以确保无性繁殖。

欧香科科：茎直立，基部裸露，有分枝，茎干高 10~30 厘米。叶对生，具短柄，叶片为椭圆形，上部呈明亮的绿色，下部则为浅绿色。叶片的边缘有深圆齿，被毛。花呈紫色或粉红色，很少有白色。它们会 3 朵或 5 朵，有时最多 6 朵，在较短的总状花序中轮生，并与叶交替排列。花萼为红色，有毛，花冠为管状，正中有一大裂片，呈椭圆形。蜜腺会在子房周围形成不规则的环，并产生非常甜的花蜜。花期在 5—9 月。果实是瘦果。

蒜味香科科：茎干下部卧伏，完全无毛，高 10~20 厘米。整株植物散发出浓烈的气味，会让人想到大蒜。叶对生，无柄或几乎无柄，无毛或略被毛。叶片为灰绿色或略带紫色，呈长椭圆形，质地相当柔软。花呈红紫色或淡紫色，以 2 朵或 6 朵的形式聚集在轮生体中。花萼有毛，其根部非常弯曲，长在稍倾斜的花梗上，其上有带锯齿的萼片。花冠中有一椭圆形的长裂片，比其他裂片大得多。花期在 6—10 月。果实为瘦果。

一个偏爱树林，另一个偏爱沼泽

“Teucrium”是对“Trouc”或“Teucros”（Teũkros，特洛伊城的第一个神话之王）的致敬，因为他被认为是第一个发现唇形科植物的药用特性的人物。欧香科科喜欢生长在森林边缘、山坡和其他干旱地区的石灰质土壤中，蒜味香科科则更倾向于沼泽或更湿润的地区。这两株香科科属植物的所处海拔都不高，在海拔 700 米以上就几乎找不到它们了。在法国，它们很常见。在法国以外的地方，欧香科科分布在中欧、南欧以及西亚和北非，而蒜味香科科则分布于德国中部和北欧、高加索和西伯利亚地区。

种植收获物的用途

从鼠疫到痛风

古代医生很少提及，这两种香科科属植物突出的苦味使它们常被用于胃病的治疗。它们都是在种子出现的时候被采摘的，并且叶子成了各种药物的一部分。食用这两种叶做成的沙拉可以治疗鼠疫和坏血病。它的根部没有被遗忘，正如马蒂奥利在对迪奥斯科里德斯《药物论》的评注中提醒我们的那样：“根的上部可以催吐，这真是一件奇妙的事，而下部则是一种泻药。”这两种植物都具有相同的属性，但欧香科科较为著名，尤其是在治疗痛风方面。查理五世（他就是著名的痛风患者）否认了这种效果。他在访问热那亚期间接受了 60 天的香科科属植物治疗，但没有成功。这两种植物的药用特性最终在 18 世纪被彻底遗忘。

特别的干燥花园

欧香科科非常适合阳光充沛的地方和砂质的土壤，也适合长在家中的砾石花园里。它的高度不超过 20 厘米，非常适合生长在环境恶劣的地方。它的耐寒性很强（能耐受 –25℃的低温）。5—9 月，宽大的花序中会开满粉红色和紫色的花。我建议到了春季再进行修剪，以保证它拥有足够的树叶且能很好地开花。这一植物因甜美的花蜜受到蜜蜂的青睐。

特别的水景花园

蒜味香科科在水分充足、阳光充沛或阴凉的场所会感到很舒适。在我家，它生长在水域附近，在 6—10 月会长出紫色和粉红色的花朵，并成簇排列在茎顶（约 30 厘米高处）。蒜味香科科的叶常青，需要在秋天进行全面的修剪，使得它在来年春天来临的时候再放光彩。

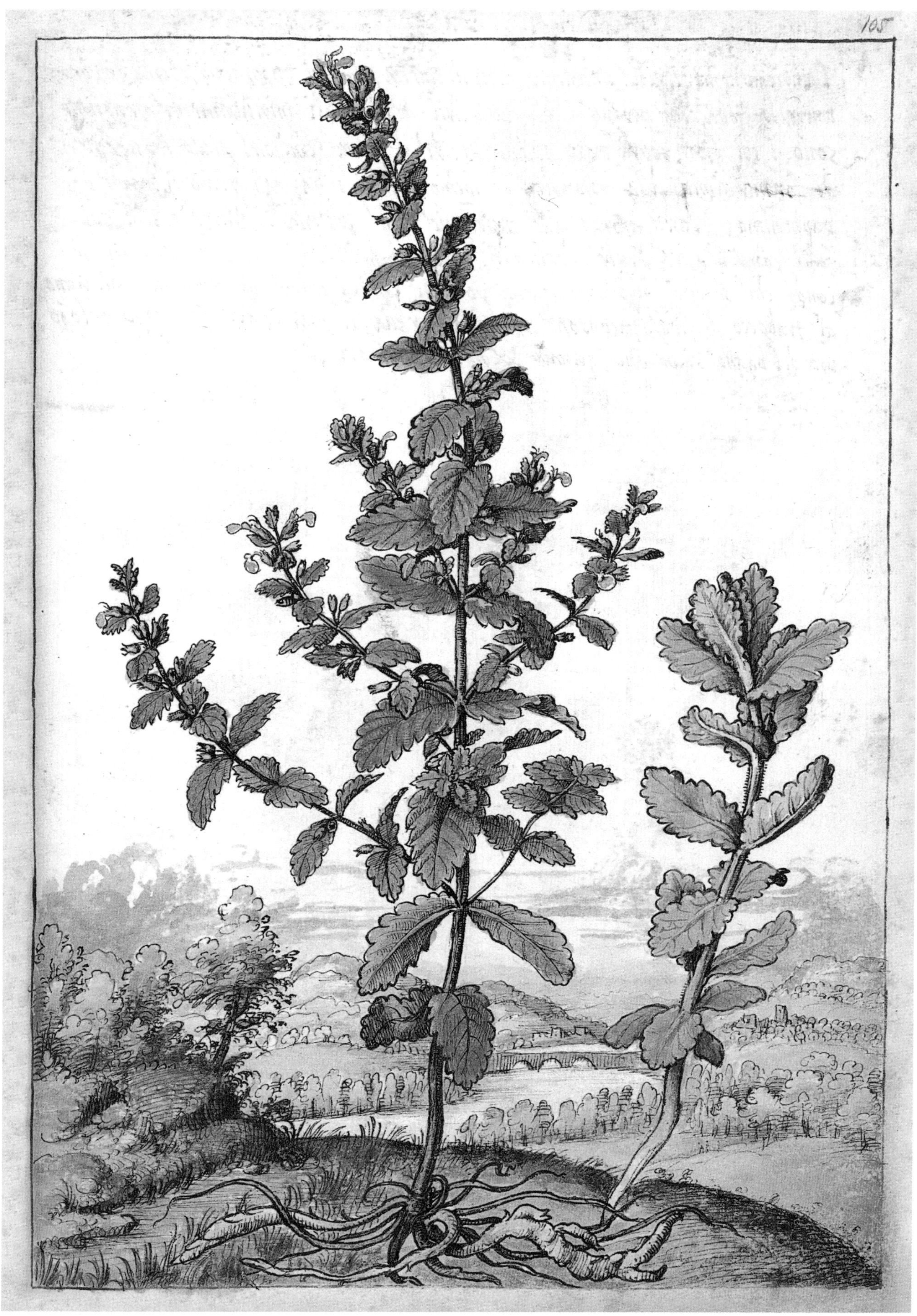
105

蒜叶婆罗门参

Tragopogon porrifolius L.

植物学描述

一切都是为了扎根！

蒜叶婆罗门参为菊科（类艾蒿和蓍）一年生或两年生草本植物，主根发达，呈纺锤形。茎干高20~100 厘米，直立或有分枝，无毛。叶子通常为细长的线形，叶片基部半抱茎。花聚为头状花序，花序外围的花朵呈紫色、深紫色、红色或淡红色，有时为接近灰色的淡紫色。花朵的长度几乎等于总苞或稍短，在其根部形成紧密相连的苞片，从没有鳞片的无毛花托中长出来。花期在 5—7 月，果实是纺锤形瘦果，有与果实等长的喙形突出物。

被人工栽种，但自发生长

“tragopogon”由希腊语中的“tragos”（意为“山羊”）和“pôgôn”（意为“胡须”）组成，与蒜叶婆罗门参类似山羊胡须的冠毛相呼应。这种植物可以生长在海拔高达 1150 米的地方，喜欢钙质土。在法国，蒜叶婆罗门参的繁殖方式主要是人工栽种，但也有野生的，这一植物甚至被移植到了大西洋附近从吉伦特到莫尔比昂的草原上。除法国外，在西班牙、意大利、希腊以及俄罗斯南部、达尔马提亚地区和北非也都可以发现它的身影。

种植收获物的用途

优质的根茎类蔬菜

在古代，人们就已经开始采摘蒜叶婆罗门参，而在 15 世纪的时候这种植物进入了菜园。法国博物学家拉马克在 1805 年出版的第三版《法国植物志》（*Flore Française*）中说道：“它被种植在花园中，用于烹饪。”他在 1827 年的《自然科学词典》（*Dictionnaire des sciences naturelles*）中还补充道：“这种植物的根部是一种健康而清淡的食物，被认为有利尿、开胃和祛痰的功效。”而且它的根部有丰富的纤维，适合促进肠道消化。由于它的菊糖含量较高，所以它会有微甜的味道。

B 族维生素 + 钾 + 纤维 = 婆罗门参的益处

3—4 月，大地开始回暖，这是开始播种婆罗门参种子的时节，收获婆罗门参则要等到明年秋天。我会在它第一批叶子出现的时候开始打理它。这种植物需要阳光，以及深厚肥沃、排水良好、疏松而凉爽的土壤。养护很简单：用稻草排成一列，以保持土壤凉爽，如果干燥了要浇些水，把花茎表皮去掉，避免根部干枯，并在寒冬到来之前修剪气生根。在厨房里，最好戴上手套剥掉婆罗门参的皮，以免手指变黑。先用水将它们煮两遍，然后再加入鸡肉、鱼肉或配上简单的奶酪白汁在烤箱里烤熟，也可以再加点欧芹。用新鲜的婆罗门参嫩叶制作的沙拉很可口。

绛车轴草 / 红车轴草

Trifolium incarnatum L. / *Trifolium pratense* L.

植物学描述

小小粉红脑袋

绛车轴草和红车轴草为豆科（类毒豆或菜豆）多年生草本植物，有细长的主根。

绛车轴草：茎直立，无分枝，长 10~50 厘米，节间比叶子长。整株植物被毛，这些茸毛贴附长在承载它们的部位上。叶互生，叶柄长，托叶带红色，苞片长度几乎等同于宽度。花为紫色、粉红色，偶有粉白色。花朵集中在顶生和单生的花序中，花瓣呈椭圆形，其顶部呈圆锥形，被高于叶子的肉茎支撑，托叶上部为钝角，其边缘为齿状，花冠比萼长，花期在 5—7 月。果为荚果，且包含在花萼里。

红车轴草：茎直立向上，长 10~50 厘米。上部叶子对生，无柄；根部叶子互生，有长叶柄。托叶无毛（顶部有一小撮茸毛），呈三角形，末端尖。苞片类椭圆形，边缘类锯齿状，通常在苞片正面上部有一个黑色斑点。花冠的顶部为粉红色，基部为白色，花序是球形。花萼为毛管状，有 5 个狭长锯齿，其中有一根明显比其他长。花期在 5—9 月，在法国南部地区，有时花期更长，果实成荚。

三片叶子好，四片叶子更好！

“trifolium”由拉丁语“tres”（意为“三”）和“folium”（意为“叶子”）构成。这种科属植物的叶子由 3 片小叶组成。绛车轴草主要以人工种植的形式出现，但有时也会在山坡或草地上自发生长、可生长在高海拔地区。在法国，它随处可见，在整个欧洲和北美也是如此。红车轴草的生长条件与绛车轴草相同。

种植收获物的用途

近似药物

1566 年，马蒂奥利建议将其种子和叶子浸泡在水中服用，可以治疗胸膜炎，利尿通经。

优质绿色化肥

如今，在收获期后，绛车轴草成为田里的绿色化肥，它待在菜园的角落等待着春天人们的采摘和制肥。

款冬

Tussilago farfara L.

植物学描述

先开花，后长叶

款冬为菊科（类多榔菊属和矢车菊）多年生草本植物，有着芳香且厚实的肉质根茎。叶子高约20厘米，较花序出现得晚。叶片为心形，边缘呈锯齿状，上表面无毛，呈绿色，下表面有毛，呈灰白色。冬天一到，花朵比叶子先出现，花呈黄色，生于鳞状茎上。果实为瘦果，有柔软光滑的白色冠毛。由于它具有活跃的地下轴器官，因此该物种可以大面积生长。

早于父亲的儿子

"tussis"拉丁语意为"咳嗽"，"ago"意为"我反对"。古人经常说"filius ante patrem"，意为"儿子先于父亲"，意指初春比叶子更早出现的花序。它是冬末时节最先开花的植物之一，花序有时会穿透积雪。这种植物通常喜欢黏土和钙质土，我们更容易在凉爽的或是刚被翻耕过的土壤中找到它。款冬喜欢生长在高海拔地区，例如冰川底部，在空地、堤坝、湿地中也很常见。除欧洲、北非的山区外，它还被引进了北美。

种植收获物的用途

支气管的朋友

插图中场景发生在一条小河附近，一对翩翩飞舞的云雀暗示了当时是2月，正是款冬开花的时节。

草药师迈开步，单膝跪地，拔出款冬的花朵和叶片。之后，他小心地把这些叶片制成煎剂、香脂或烟草，用于治疗儿童百日咳或其他呼吸系统疾病。在鼠疫流行的时期，款冬的根茎也被用作药剂。如今，由于款冬的诸多功效，它仍然是一种特别被用于植物疗法的植物。建议将它的叶子和花朵制成糖浆或用于输液，以治疗某些呼吸道疾病。款冬的叶子还可以制成膏药，用于缓解烧伤和扭伤。一些爱好者将款冬作为食用植物进行种植，但是近年来的研究表明，摄入款冬存在中毒的风险，尤其是对肝脏部位有毒性。

遮阴，理想的地被植物

在我的花园里，我种植了外形近似款冬的蜂斗菜（*Petasites Japonicus*）。我特别推荐蜂斗菜，除霜冻期外，这是一个全年都可种植的优良地被植物。花期在3—4月，在叶子出现之前开花，喜欢阴凉或半阴的地方，生长在拥有肥沃的腐殖质、潮湿未涝的土壤。值得注意的是，它会由于根茎的快速繁殖而具有侵入性。

脐景天玉盃

Umbilicus rupestris(Salisb.)Dandy

植物学描述

多肉!

脐景天玉盃为景天科(类耳坠草和长生草)多年生草本植物,绿色,无毛,在隆起的块茎根部长出新芽。茎干高 10~40 厘米，叶片很稀疏。基部的叶子呈盾形，肥厚且易断，长叶柄，叶片边缘呈齿状。上部的叶片很稀疏，叶片基部呈楔形。花呈淡黄白色，下垂，成簇排列在植物顶部，花朵生于花梗上，花梗就出现在非常小的苞片叶腋下。花冠呈管状，比花萼长 4~6 倍。花期在 5—7 月。果实为细长的蓇葖果。

女神的肚脐

“umbilicus”在拉丁语中是“脐”的意思。之所以选择这个名字，是因为它的叶片兼具圆形轮廓和凹陷曲面，会让人联想到肚脐的形状。这种奇特的植物萌发于低洼地区，主要分布在法国的西部、中部和南部。它钟情于古老的墙壁和阴暗的岩石，也喜欢硅质土和钙质土。除西欧和南欧，这种植物也生长在西亚和北非。

种植收获物的用途

柔和且舒缓

插图中的风景展示了一片被玉盃占领的遗址。在插图的场景中，有两个人在闲聊，而第三个人在瓦砾中行进，他肩膀上的长杆也许是用来收割这种植物。1 世纪时，迪奥斯科里德建议用它来治疗冻疮。直到 18 世纪，它的昵称仍叫“乳头”，表示人们用他的叶子来消除乳房的疼痛和皲裂。它不仅被用于治疗痔疮，在乡村，它的叶子还被加入软膏中用于缓解烧伤。如今，它被广泛用于外科的植物疗法中，以治疗疖子、痔疮和促进伤口愈合。

可以咀嚼

玉盃是树林中的一种常见植物，在墙壁和路堤上自发生长。冬末时节，玉盃莲座丛上的嫩叶是极好的沙拉食材。我第一次品尝它是在英国，它爽脆的叶子成功地代替了三明治里的黄瓜。采摘玉盃时，为了避免损坏它非常脆嫩的叶子，要一片一片地取下。玉盃微小的花朵呈乳白色，带淡紫色，簇拥在 40 厘米的长茎上。这种植物喜欢排水良好的酸性土壤。

藜芦

Veratrum nigrum L.

植物学描述

一棵永久的根部

藜芦为藜芦科（类四叶重楼和延龄草）多年生草本植物，斜根由 3 个粗大的凸起部分组成，且有许多不定根。当另外 2 个凸起部分形成时，最凸起的那一部分会逐渐消失。茎干粗壮结实，长 50~150 厘米。叶互生，短叶柄包裹在叶根部。叶片呈椭圆形，底面有皱纹，无毛，纵向平行的叶脉贯穿叶片，在叶片顶部汇合。下部叶片较宽，上部叶片较窄且非常细长。花朵覆盖着非常短的毛，排列成长而窄的簇，有许多分枝，穿插着苞片。花朵的颜色从紫色到渐变的黑色，花期在 7—8 月，果实为蒴果。

黑色，真正的黑色！

“veratrum”是由拉丁语中“vere”（意为“真正的”）和“atrum”（意为“黑色”）缩合而成，这和它主根的颜色有关。它是一种非常罕见的植物，喜欢生长在欧洲中部和东部，以及亚洲西部、北部的草原和高山牧场。

种植收获物的用途

令人生畏的毒药

插图中，师傅和他的徒弟们在距离修道院不远的陡峭山坡上采集草药。一名徒弟采挖着藜芦，而另一名徒弟拿着药用植物学书，一边听着师傅的描述，一边在研究它的具体特征。也许那座建筑冒着烟的烟囱表明那里是制药坊，植物就是露天存放在那里，然后被制成精油、软膏或其他煎剂。在古代，藜芦根部的汁液被用来为箭淬毒。这一植物会引发诸多中毒事件，有时人们会把它与玉竹的根部混淆。藜芦唯一安全的用法是用其根部熬汤。另外，梳头前将梳子浸泡在汤汁中，可以杀死虱子。

一座雄伟的山峰

这种植物非常大（1~1.5 米），有着粗壮的茎，在夏末覆盖着深紫色的长圆锥状花序。它的苗木容易存活，容易在花园里生长。这种植物适应性很强（能耐受 −15℃的低温），喜欢含腐殖质的凉爽土壤，需要暴露在半阴处，还必须远离寒冷和干燥的风。

小蔓长春花

Vinca minor L.

植物学描述

没有尽头的茎

小蔓长春花为夹竹桃科（类白前和夹竹桃）多年生草本植物，四季常青，茎部细长，匍匐生长，高2米或3米。枝条有花，较小，长约10~35厘米，直立，可在地面延伸并生根。叶对生，深绿色，有光泽，呈椭圆形或长椭圆形，叶片边缘无毛。花朵是单色花，多呈蓝色、淡紫色，偶有白色。花萼由无毛萼片组成，长度不超过花冠管的一半，花冠的裂片为斜楔形。花期在3—6月，但花可以一直开到秋天。果实为蓇葖果。

拥抱风景

"vinca" 来自拉丁语 "vincire"，含义为"捆绑""缠绕"，这与小蔓长春花细长、柔韧的茎有关。小蔓长春花自然生长在欧洲北部，在法国，这是一个很常见的物种，除了地中海沿岸，因为我们在那里遇到的是易与之相混淆的蔓长春花（*Vinca major* L.）。可以通过小蔓长春花的叶缘及无毛的萼片来区分，蔓长春花的萼片有毛，且比小蔓长春花的长得多，甚至可以长到花冠裂片的顶部。小蔓长春花存在于树林中，可以覆盖相当大面积的土地、沟渠和树篱的表面，有时也可生于假山石上。这种植物主要生长在多阴的环境，也被引入北美、澳大利亚和新西兰，但在这些地区，它变得具有侵袭性。小蔓长春花存在许多杂种和栽培品种，具有很高的园艺价值。

种植收获物的用途

新鲜且有益

在插图中，草药师坐在草地上，充满干劲地收割他的小蔓长春花，其上开放的花朵表明这个场景发生在春天。小蔓长春花的叶子益处良多，享有美名，自古就在医学中被利用。叶子有清爽收敛的作用，泡服可以舒缓肠胃疼痛，同时净化血液。将这一植物的叶子熬煮成汤剂服用，能清除溃疡，而其汁液可用于灌肠，以治疗痢疾。17世纪的药典建议，流鼻血时，可在鼻孔中塞入一团捣碎的小蔓长春花的叶子。该植物的煎剂也被认为是一种有效治疗喉咙痛的漱口剂。如今，长春胺（从一种小蔓长春花中提取的生物碱）在医学中被广泛使用，特别是它具有扩张血管的特性，可增强血液的氧合作用，有利于脑供血。

如此简单，如此愉快！

在我的花园里，小蔓长春花创造着奇观。它们生长在半阴的斜坡上和老旧的墙壁上，只需1~2英尺（约合0.3~0.6米）宽的墙，就可以铺满地面。我建议在冬天结束时修剪它们，这样它们就会产生更多的花粉。它是一种非常容易种植的植物，在春天开花两个月。这种植物适应性极强（能耐受 –20℃的低温），可适应不同类型的土壤。它虽然耐旱，但也同样喜欢生长在潮湿的土壤中。

药用白前

Vincetoxicum hirundinaria Medik.

植物学描述

风中的白鹭

药用白前为夹竹桃科（类长春花或夹竹桃）多年生草本植物，匍匐的根茎上带有许多粗壮的圆柱形小根和不定芽。在生长的季节，许多不定芽会产生新的茎。茎干高 20~80 厘米，不分枝，很少直立，且略微弯曲。叶对生，偶有 3~4 片叶轮生，叶柄较短，叶片呈椭圆形且顶端尖，中部的叶片是圆形或心形。花呈白色、绿色、黄色或淡黄色，有时外缘呈红色，并且聚集成密集的簇。萼片是毛茸茸的，而花瓣通常是无毛的，花期在 5—9 月。果实是蓇葖果，种子顶部有毛。

帕诺哈米克斯的想法是什么?

“vincetoxicum”由两个拉丁语词构成，分别是“vincere”（意为“战胜”）以及“toxicum”（意为“邪恶”），因为药用白前长期以来一直被错误地视为“解毒剂”，并因此闻名。药用白前不会存在于海拔 1000 米以上的地区。在法国，它是一种很常见的物种，分布得十分密集。在法国以外，这种植物在几乎整个欧洲地区出现，直到斯堪的纳维亚半岛南部，但在欧洲东部却相当罕见。它也被引入到高加索、克里米亚、北非和北美地区。

种植收获物的用途

许多希望和幻灭

在插图中，采摘者坐在小山丘顶部的一个平台上，正拿着锄头挖出药用白前。这种植物是西医希望用来治愈瘟疫的众多物种之一。18 世纪，在流行病肆虐的时期，人们的健康不断受到威胁，流行病持续侵袭世界上的各个国家，其中包括意大利和法国。1836 年，药物化学教授朱利亚・德・丰特奈尔表示，因为其根部被认为具有治疗癔症、抗毒素和促进发汗的特性，所以它仍然具有医学价值。药用白前整株植物（根、种子和花）也被推荐用于对抗有毒动物的叮咬。在 19 世纪，它的这些特性都引发了激烈争论，以致药用白前被归为无用的植物，甚至牲畜都不喜欢它。

丝绸和亚麻的替代品?

虽然药用白前朴实无华，但它却引起了法国博物学家查尔斯・索尼尼（Charles Sonnini）的兴趣。查尔斯发现药用白前可以为农村和国内经济提供优势：“这种作物很容易种植，可以给贫瘠的土地带来生机，并带来一定收获。附着在这一植物种子上的茸毛非常适合填充垫子和床垫，而其茎秆如同亚麻，可以产出跟麻一样好的纱线。很少有如此不挑剔的植物，它能适应石子路、干旱的土地，以及最不利的光照环境。”但查尔斯的意见没有产生影响，而是被遗忘！

香堇菜

Viola odorata L.

植物学描述

如此简单，如此复杂

香堇菜为堇菜科（类三色堇）多年生草本植物，无茎，众多长节蔓使它能稳稳扎根在生长环境中。两年生香堇菜的叶子呈心形，一年生的香堇菜的叶子呈圆形和肾形。叶柄长 3~25 厘米。叶子基部的托叶是椭圆披针形，有短毛。发芽的香堇菜会开出 2 种类型的花。第一种是无瓣或有 1~2 片退化的花瓣，这些花并不开放且通过自体受精产生种子（闭花受精）。第二种是在花季后期开出大而鲜艳的花朵。花朵呈深紫色，偶有淡紫色、白色，并带有紫色的刺。这些花有 5 片萼片且都不等长，后部的两朵花或多或少地延长到基部。花的 5 片花瓣大小不等，且下面的花瓣会变为产花蜜的刺。这些花通常不结果实，大部分时间都很香，花期在 2 月底—5 月。果实是近球形、被短柔毛的紫色蒴果。该物种非常多态，植物学家已描述了许多它的变种。

向维吉尔致敬

“viola” 是一个拉丁词，源自维吉尔（Virgile）的著作，派生自希腊语 “ion”。香堇菜生长在树篱、树林以及开阔的草地上，身影几乎遍布法国和欧洲的所有地区，可生长于海拔高达 2300 米的环境。我们也能在北亚、西亚、北非和加那利群岛看到它。在世界上的许多地方，香堇菜被当作观赏花卉移植并栽培。

种植收获物的用途

甜蜜和仁慈

插图中，两只云雀的游行表明此场景发生在 2—3 月。天气凉爽，正如从画面下方水厂烟囱里冒出的烟雾所暗示的那样。第一次积雪融化，水从大坝的水库溢出，三只天鹅随着河流游动。这里的女性形象非常贴合香堇菜的精巧。图中的女子静静挑选香堇菜，这在植物图集中并不常见，因为它呈现的总是男性化的力量。自古以来，香堇菜在医学中用于制作治疗乳腺炎症的浸剂或糖浆，它的根和种子浸泡后也有很好的净化效果。几个世纪以来，这种用途已经逐渐被遗忘了。如今，顺势疗法建议使用以香堇菜为主要成分的药剂治疗风湿病和骨骼方面的疾病。

纯净的魅力

自从 3 月我在花园附近的灌木丛中发现这种植物，一种真正的幸福感一直萦绕在心头。它的韧劲经得住一切考验，它在花期散发着令人陶醉的芳香，值得我们为此敞开花园的大门。也许正是因为体积小（约 10 厘米），它的寿命也很长。香堇菜需要生长在阳光普照或半阴凉处，适宜普通或阴凉的土壤。它可自行播种，从不具有侵略性，但总有诀窍去到其他植物不去的地方，例如树篱和灌木脚下。在避风的环境下，它可以完美地生长在石子地和花盆中。

苍耳

Xanthium strumarium L.

植物学描述

平庸造就植物

苍耳为菊科（类雏菊或欧洲千里光）一年生草本植物，主根发达。茎高 30~80 厘米，结实，有分枝，有棱角，且有毛。长叶柄的叶片上覆盖着短而硬的毛。叶片背面呈灰色，有 3~5 个带锯齿的裂片，整体轮廓呈三角形，甚至是心形。花朵整齐地排列成头状花序，呈绿色，花期在 7—10 月。果实是卵圆形瘦果，长 12~15 毫米。果实在成熟时是绿色的，覆盖着带有锥形刺的小毛，小毛直立，且末端呈钩牙状，在它们的顶端有两个相同的尖喙。

它的名字叫"黄色"

"苍耳"来自希腊语"xanthos"，意为"黄色"，与从苍耳中提取的染料的颜色有关。苍耳不是在高海拔地区生长，而是生长在瓦砾、溪流和池塘这类区域，或者有砂石的、未被开垦的凉爽之地。在法国，它只以野生或驯化的形式出现在卢瓦尔河以北地区，在法国南方分布得不均匀。该物种不仅遍布整个欧洲，也可以在西伯利亚、西亚、南亚的印度、北非和阿比西尼亚地区找到。同时，它还被引入北美。

种植收获物的用途

没有历史的植物

这种小植物沿着插图上所呈现的道路生长，同时它也生长在田地的边缘，在那里，一个农民正把他的牛套到一个简易的犁上，这表明此处是一片贫瘠的土地。迪奥斯科里德斯指出，苍耳被古人用来制成一种浸剂，这种浸剂可以将头发染成黄色。同时，苍耳也因其治疗瘰疬的功效而闻名，就如同其拉丁语学名"strumarium"和法语名的"scrofules"或"écrouelles"所表示的那样。它原本被提倡用于防治麻风病，但在 18 世纪，这种使用方式完全消失了。

附录

专业词汇汇编

花后膨大（Accrescent）：花的一种器官，在开花之后会持续生长。

冠毛（Aigrette）：长在果实或种子上的毛或丝，可借助风促进种子的散播（例如蒲公英的果实上就有冠毛）。

瘦果（Akène）：一种果皮不开裂的干果。

收敛药（Astringent）：可收缩组织的药物。

浆果（Baie）：多肉果实，果皮不开裂，其中包含一枚或数枚种子。

香脂（Baume）：一种以植物油脂为基础、用于按摩缓解患病部位的制剂。

二年生（Bisannuelle）：两年为一生命循环的植物。第一年涉及植物组织的生产，第二年则是繁殖期。

苞片（Bractée）：变形且有颜色的叶片，经常出现在叶腋上的花序中或花序的基部。

球茎（Bulbe）：鼓胀的地下茎干，通常呈球形。球茎有几种类型（有鳞片的球茎、有外皮的球茎等），但是无论哪种类型，主要作用是储存营养物质和进行无性繁殖。

花萼（Calice）：最外层的一圈花被，由一组萼片构成。

头状花序（Capitule）：一种花序类型，其中的花（即小花）无柄（无花梗），或是几乎无柄，这些花插在花托里并被苞片环绕。一个头状花序可以只包含管状花或舌状花，也可以同时兼有这两种。

蒴果（Capsule）：一种开裂的干果，由若干心皮连结而成。

心皮（Carpelle）：一种变形的叶，其中会长出胚珠。一片心皮由一片子房、一根花柱以及一根柱头构成。一组心皮则可以形成雌蕊。

糊剂（Cataplasme）：由植物制成的糊状物，置于两层布之间，热时可敷在病患处。

叶状茎（Cladode）：一种叶状结构，经常被看作是叶，由茎干变形而来。

花冠（Corolle）：花被的外圈，处在花萼的内部。花冠由一组花瓣构成。

伞房花序（Corymbe）：一种花序类型，与总状花序类似，但其花都处在同一水平面，并形成一种扁平的花头。

煎剂（Décoction）：一种植物制剂，药材经过熬煮能释放药物成分。

开裂（Déhiscent）：一种器官（果实、花药等等）的功能。这样的器官在成熟的时候会裂开，以释放它的内容物（例如花药中花粉的释放，或者果实中种子的释放）。

净化剂（Dépuratif）：可去除体内杂质的药物。

雌雄异株（Dioïque）：指每一个体都只具有单一性别的植物类型。

利尿剂（Diurétique）：可促进尿液排出的药物。

核果（Drupe）：不开裂的果实，多肉，内果皮木质化且坚硬（例如桃和杏子）。

痢疾（Dysenterie）：一种肠炎，症状为急性且大便带血的腹泻。

瘰疬（Écrouelles）：源于结节的腺体或淋巴结疾病，症状为溃烂和颈部脓肿。

马刺（Éperon）：管形花朵的花冠或花萼的延伸。马刺中经常含有花蜜。

穗状花序（Épi）：一种简单的花序类型，其中无柄花直接长在花轴上。

雄蕊（Étamine）：位于花瓣下部的花卉结构，功能是产生和传播花粉，通常由一根丝和一个花药构成。

舌状花（Fleurs ligulées）：一种花瓣连接在一起的小花，其上有一片舌状物，它会使人误认为是一片花瓣（例如，雏菊类植物的头状花序圈上的白色管状小花）。

管状花（Fleurs tubulées）：花瓣短且连在一起的小花（例如雏菊类植物头状花序上的中心黄色小花）。

小花（Fleurons）：菊科植物的花。无柄或几乎无柄，聚为头状花序。

小叶（Folioles）：组合叶的分割部分。

蓇葖果（Follicule）：会分裂的干果，由一片心皮构成，肚子上通常有一个开口（例如八角茴香）。

漱口剂（Gargarisme）：一种用于喉头和喉咙的药物洗剂。

痛风（Goutte）：关节炎综合征，表现为尿酸盐沉积和急性关节痛。

总状花序（Grappe）：一种花序类型，参见“串状花序”。

顺势疗法（Homéopathie）：于1827年被引入法语的术语之一，指代某种使用较高剂量药物的治疗方法，可在健康的人身上制造一些类似于症状的反应。换句话说，就是以毒攻毒。

利水剂（Hydragogue）：可促进组织液分泌。

水肿（Hydropisie）：液体在体腔或在细胞组织内的渗出。

黄疸（Ictère）：数种疾病的症状之一，特点为有色胆汁异常渗出导致组织颜色变黄。

奇数羽状（Imparipenné）：叶片数量为奇数的羽叶。

囊群盖（Indusie）：保护蕨类植物孢子囊的外罩。

浸剂（Infusion）：通过把沸水倒在药物上以使其释放活性成分而制成的制剂。

花序（Inflorescence）：一组花朵，其结构各不相同，且遵循不同的组织模式。

总苞（Involucre）：一组轮生苞片，通常紧密，且处在伞状花序或头状花序的基部。

唇瓣（Labelle）：一些植物品种的第三片变形的花瓣，例如兰科植物或美人蕉属植物。

灌肠（Lavement）：把药水通过肛门灌入身体的医疗操作。

轻泻剂（Laxatif）：可引起轻度腹泻的药物。

瓣片（Limbe）：叶上平而宽且由叶柄支撑着的部分。

雌雄同株（Monoïque）：一种植物类型，其个体均为双性。

蜜腺（Nectaire）：一种尺寸比较大的腺体，其功能为分泌花蜜。蜜腺（或称为花蜜腺）分布在花里或者植物的其他地方。

叶脉（Nervure）：叶中可见的液体传导系统。通常存在一根清晰可见的主脉和一些遍布全叶的二级叶脉。

托叶鞘（Ochréa）：由互相连结的托叶组成的结构，可形成一个包裹茎干的鞘子。这一结构在蓼科植物中尤为发达。

伞状花序（Ombelle）：一种花序类型，其中所有的二级轴都长在茎干上的同一个点上。在某种程度上它类似伞房花序，因为其所有轴都长在同一个地方。

伞形花序（Ombellule）：较小的伞状花序，可与其他伞形花序共同组成一整个伞状花序。

香膏（Onguent）：一种质地像厚奶油的药膏，用于治疗伤口。

贯穿叶（Perfoliée）：与支撑自身的茎干相结合的叶子。

花瓣（Pétale）：花上较发达的部分，其功能主要是吸引传粉者，这就是它有色原因。

叶柄（Pétiole）：叶上的部分，连结瓣片和茎干，整体形态像一根小茎干。

痨病（Phtisie）：一种不定性疾病，其症状表现为乏力（即《茶花女》中著名的肺结核）。

植物疗法（Phytothérapie）：一种于1944年出现的、只用植物成分来进行治疗的方法。

雌蕊（Pistil）：被子植物的花中央的器官，由心皮连结而成。

串状花序（Racème）：总状花序的同义词，一种花序类型。其中的花呈螺旋状排列，并由长度相当的花柄所支撑。

叶轴（Rachis）：复叶的轴，叶柄的延伸部分，并携带小叶。

吸根（Racine suçoir）：寄生植物的根部，功能是深入宿主植物体内吸取营养成分。

再生能力（Reviviscence）：干燥生物体可以通过再水化重新启动生理机能。这种能力可以在某些苔藓和蕨类植物身上发现。

块茎（Rhizome）：一种地下茎干，可长出根和植物轴。

坏血病（Scorbut）：缺乏维生素C而导致的疾病，多发生在营养不良的人和长时间航行的水手身上。

镇静药（Sédatif）：止痛、抗焦虑、抗神经紧张和器官冲动的药物。

萼片（Sépale）：花上较为发达的部分，功能是保护花中的其他组织。

无柄（Sessile）：叶、花无柄或无梗的现象。

裂果（Schyzocarpe）：这种果实在成熟的时候，曾经连结在一起的不同心皮会分裂，分裂出去的部分中都含有一粒种子（例如蜀葵）。

孢子堆（Sores）：一种蕨类植物的叶片下部的可见结构，由一堆孢子囊和它们的保护层（一种叫作囊群盖的薄膜）构成。

佛焰花序（Spadice）：一种花序类型，把大多数时候不完整的花朵聚集成一个穗。佛焰花序通常被一个佛焰苞所包围。

佛焰苞（Spathe）：一种变形的叶，通常尺寸很大，环绕和保护着天南星科或环花草科植物的佛焰花序。

孢子囊（Sporange）：一种囊，其各个部分中可以长出孢子。

柱头（Stigmate）：花柱的顶端的部位，功能是捕捉花粉粒。

托叶（Stipule）：叶状结构，位于叶柄的基部，并在茎干附近，且经常包围茎干（例如豌豆叶的托叶）。

花柱（Style）：雌蕊的上部，较长，顶端为柱头，是花粉的接收器官。

酊剂（Teinture mère）：一种通过酒精持久作用溶解干燥植物或动物中的活性成分而制成的药剂。

底野迦（Thériaque ）：一种由数种药物成分组成、可治疗大部分疾病的药物。

块根（Tubercule）：地下的膨出部分，来源于是茎或根，功能是储藏营养成分（例如土豆、菊芋、甜菜等等）。

参考资料

[1] Dictionnaire portatif des herborisants ou manuel de botanique, Didot aîné, Paris, 1772.

[2] Encyclopédie méthodique ou par ordre de matières par une société de gens de lettres, de savants et d'artistes, Agriculture, vol. 2, partie 2, 1791.

[3] BLAMEY M, GREY-WILSON C. La Flore d'Europe occidentale;plus de 2400 plantes décrites et illustrées en couleurs, Paris, Flammarion, 2003.

[4] BONNIER G. Flore complète illustrée en couleurs de la France, de la Suisse et de la Belgique, 1934, Paris, réédition Belin, 1990.

[5] BONNIER G, DOUIN R. La Grande Flore, Paris, Belin, 1990.

[6] BUC'HOZ P J. Histoire naturelle des végétaux, considérée relativement aux différents usages qu'on en peut tirer pour la médecine et l'économie domestique, Ouvrage utile à tous les Seigneurs de la Campagne, Curés, Pères de famille et Cultivateurs, Paris, Costard, 1772.

[7] CHAUMETON F P. Flore médicale, Paris, Imprimerie de Panckoucke, 1815.

[8] COSTE H. Flore descriptive et illustrée de la France, de la Corse et des contrées limitrophes, Paris, Librairie des Sciences et des Arts, 1937.

[9] DALÉCHAMPS, J., Histoire générale des plantes contenant XVIII livres également répartis en deux tomes : tirée de l'exemplaire latin de la bibliothèque de Me Jacques Daléchamps, puis faite française par Me Jean des Moulis, Lyon, Philip. Borde, Laur. Arnaud & CI. Rigaud, 1653.

[10] DUPUY DES ESQUILES, Leçons de botanique, faites au jardin royal de Montpellier par Monsieur Imbert, Professeur & Chancelier en l'Université de Médecine, E. Hollande, Strasbourg, Aux Dépens des Libraires, 1762.

[11]GOUAN A. Traité de botanique et de matière médicale, Montpellier, Imprimerie de G. Izar et A. Ricard, 1804.

[12] JOURDAN A J L. Pharmacopée universelle, ou conspectus des pharmacopées, Paris, Librairie médicale française, seconde édition, 1840.

[13] JULIA DE FONTENELLE J S E. Nouveau dictionnaire de botanique médicale et pharmaceutique, Paris, Libraire encyclopédique de Roret, 1836.

[14] LÉMERY N. Dictionnaire ou traité universel des drogues simples, Paris, Imprimerie de la Veuve d'Houry, 1760.
[15] LOISELEUR-DESLONGCHAMPS J L A. Manuel des plantes usuelles indigènes, ou histoire abrégée des plantes de France, Paris, Méquignon, 1819.
[16] MAGNIN-GONZE J. Histoire de la botanique, Paris, Delachaux et Niestlé, 2009.
[17] MARIE S, SAUTOT D. Le Jardin selon Stéphane Marie, Paris, Le Chêne, 2015.
[18] MATTIOLI P. Commentaires de M. Pierre André Matthiole, médecin sennois sur les six livres de Ped. Dioscoride Anazarbeen, traduit du latin en français, Lyon, Vve Gabriel Cotier, seconde impression, 1566, 1579.
[19] MILLER P. Dictionnaire des jardiniers, traduit de l'anglais, Paris, Guillot, 1785.
[20] PENZIG O.Contribuzioni alla storia della botanica:I. Illustrazione degli erbarii di Gherardo Cibo. II. Sopra un codice miniato della Materia medica di Dioscoride, conservato a Roma, Milan, U. Hoepli, 1905.
[21] PHILLIPS R, FOY N. Herbs, Londres, Pan, 1990.
[22] PINAULT SORENSEN M. Le Livre de botanique, Conférences Léopold Delisle, Paris, Bibliothèque nationale de France, 2008.
[23] POIRET J L M. Histoire philosophique, littéraire, économique des plantes de l'Europe, Paris, Ladrange et Verdière, 1825.
[24] PRELLI R. Les Fougères et Plantes alliées de France et d'Europe occidentale, Paris, Belin, 2002.
[25] PRÉVÔT P. Histoire des jardins, Paris, Ulmer, 2016.
[26] RAMEAU J-C, MANSION D, DUMÉ G. Flore forestière française, guide écologique illustré, Paris, Institut pour le développement forestier, 1989.
[27] RENOU J (de). Le Grand Dispensaire médicinal, Lyon, Pierre Rigaud, 1624.
[28] ROQUES J. Nouveau Traité des plantes usuelles spécialement appliqué à la médecine domestique, et au régime alimentaire de l'homme sain ou malade, Paris, P. Dufart, 1838.
[29] SOURNIA J-C. Histoire de la médecine, Paris, La Découverte, 2004.
[30] STURSA J. Plantes à bulbes, Paris, Gründ, 1997.
[31] TISON J-M, FOUCAULT B (de). Société botanique de France, Flora Gallica. Flore de France, Mèze, Biotope Éditions, 2014.
[32] TONGIOR TOMASI L. "Gherardo Cibo: visions of landscape and the botanical sciences in a sixteenth century artist", Journal of garden history, vol. 9, no.4, 199-216, 1989.
[33] VAN HALUWYN C. ASTA, J., Guide des lichens de France, Paris, Belin, 2009.
[34] VICAT P R. Matière médicale tirée de Halleri Historia Stirpium Indigenarum Helvetiae, Berne, Société typographique, 1776.

人物生平

亚里士多德（公元前 384—公元前 322），希腊哲学家和博学家。

阿维森纳（980—1037），波斯哲学家和医生，著有《医典》，其中收录 650 株植物，是 758 种药物的组成部分。

希尔德加德·冯·宾根（1098—1179），女修道院院长，在莱茵河谷、近宾根的鲁珀茨贝格建了一所本笃会修道院，著有《自然界》，在其中她通过自己的观察研究草药的药用属性。

加斯东·波尼埃（1853—1922），法国植物学家，著有《法国、瑞士和比利时花卉全集》，至今仍是权威。

弗朗西斯·皮埃尔·肖默东（1775—1819），法国医生、植物学家和作家。

克拉特乌斯（公元前 120—公元前 60），希腊草药学家，著有《草药学》。

雅克·达勒尚（1513—1588），法国医生、植物学家和语文学家，1586 年出版了《植物史》，其中汇编了自古代以来的所有植物学和医学知识，在 1615 年被让·德·慕兰从拉丁语翻译成法语。

希波克拉底（公元前 460—公元前 370），希腊医生、哲学家，公认的“医学之父”。

朱利亚·德·丰特奈尔（1790—1842），法国药学家和化学家，著有数本著作，其中一部分被收入《罗莱手册》（*manuels Roret*）丛书中。

菲利普·米勒（1691—1771），切尔西草药植物园首席园艺师，著有数本园艺书籍。

老普林尼（23—79），古罗马作家和博物学家，著有《自然史》。这本书是真正的百科全书，其中收集了那个时代的所有知识。第十二卷和第二十六卷研究植物、植物学图像、药用价值以及农业价值。

泰奥弗拉斯托斯（约公元前 372—公元前 287），希腊哲学家亚里士多德的弟子，《植物史》（*Histoire dles plates*）的作者。他可能是第一位植物学家。它的文字在 1483 年被翻译成拉丁文，并加入植物学的文艺复兴之中。

作者介绍

马克·让松（Marc Jeason）

植物学家和农学家。主要在纽约植物园研究东南亚棕榈。在完成所负责的法国蒙彼利埃《植物图集》（*l'Herbier*）项目后，自 2013 年起负责巴黎自然历史博物馆的《国家植物图集》（*l'Herbier national*）。曾参与诸多与花园有关的活动，是滨海瓦朗日维尔（Varengeville-sur-Mer）植物学大会的科学顾问，曾在 2017 年 3—7 月担任大皇宫（Grand Palais）"花园"展览的负责人。

斯特凡·玛利（Stéphane Marie）

生于法国科坦登，毕业于奥尔良美术学院，并在戏剧领域（舞台装置和服装）工作长达 12 年。1990 年初，重回拉莫不莱利（La Maubrairie），生活在他童年时期居住过的、周围带有一小片地的房子里，并一直迷恋园艺。1998 年，创立了法国第五电视台的第一档园艺电视节目——"安静，它要长大了！"（*Silence，çapousse!*）。2010 年，在橡树出版社（Éditionsdu Chêne）出版了 5 卷本《安静，它要长大了！》。

达妮·索托（Dany Sautot）

策展人及装饰艺术、设计艺术等方面的书籍作者。2002—2016 年担任杂志《花园潮流手册》（*Les Carnets de Tendances du Jardin*）的编纂工作。2011 年起与杂志《今日建筑学》（*L'Architecture d'Aujourd'hui*）在景观主题方面合作。与斯特凡·玛利在橡树出版社共同出版了《安静，它要长大了！》5 卷本丛书。